이과남과 문과녀의 로맨스 방정식

수포자들의 거침없는 수학 연애

수포자들의 거침없는 수학 연애

펴낸날 2024년 7월 20일 1판 1쇄

지은이 라이이웨이
옮긴이 김지혜
그린이 NIN
펴낸이 김영선
편집주간 이교숙
책임교정 나지원
교정·교열 정아영, 이라야
경영지원 최은정
디자인 박유진·현애정
마케팅 신용천

발행처 (주)다빈치하우스-미디어숲
주소 경기도 고양시 덕양구 청초로66 덕은리버워크 B동 2007~2009호
전화 (02) 323-7234
팩스 (02) 323-0253
홈페이지 www.mfbook.co.kr
출판등록번호 제 2-2767호

값 17,800원
ISBN 979-11-5874-222-5(43410)

> (주)다빈치하우스와 함께 새로운 문화를 선도할 참신한 원고를 기다립니다.
> 이메일 dhhard@naver.com (원고투고)

수포자들의 거침없는 수학 연애

라이이웨이 지음 · NIN 그림
김지혜 옮김

이과남과
문과녀의
로맨스
방정식

미디어숲

'수학이 쓸모없다고 말하지 마라. 어떤 때는 수학이 꼭 쓸모없진 않다.'

퇴직하신 선생님이 수업 시간에 하신 말씀인데, 라이이웨이 선생님의 신간 도서를 보고 이 말의 깊은 의미를 깨닫게 되었다.

커피와 우유를 섞은 온도부터 머핀을 만들 때의 최대 사용 효율까지, 『수포자들의 거침없는 수학 연애』는 기울기, 확률, 기하 평균, 그래프 이론 등의 수학 지식과 더불어 생활과 밀접한 관련이 있는 경로 문제, 스크린 비율까지, 수학은 원래 이렇게 우리 곁에 있었다는 것을 발견하게 한다.

책에서 '현실적인 문제를 추상적인 기호로 표시하는 것은 수학에서 매우 중요한 모델링이다'라고 말했듯이 수학 소양이 강조되고 있는 오늘날의 교육 현장에서 이 책은 다양한 주제를 자연스럽고 친근한 방식으로 수학과 결합하여 수학의 아름다움과 재미를 동시에 볼 수 있도록 한다.

수학이 어렵다고 생각하는 사람은 사실 삶이 얼마나 복잡한지 모르기 때문이다. 이 책을 통해 수학을 어려워하는 사람이 두려움을 조금이나마 해소할 수 있을 것이라 믿는다. 실용적인 수학 데이트를 하면서 함께 수학 색깔을 발견해 보자!

신북시 임구국중교사, 수학지도단 겸임교사, 이정헌

추천사

　수학, 많은 사람들에게 외면당하는 이 단어는 사실 우리의 생활 곳곳에 숨어 있다. 『수포자들의 거침없는 수학 연애』는 우리에게 익숙한 세계를 직설적이고 자연스럽게 수학으로 설명한다. 각자가 주인공 혜수와 민우라고 생각하며 어떻게 하면 관계가 더 가까워질 수 있는지를 함께 고민하면서 모든 에피소드에 숨겨진 수학 이론을 잘 관찰해 보길 바란다.

MZ세대 싱어송라이터, 임정

　많은 교사들이 '즐겁게 가르치기'를 진심으로 원하지만, 이는 매우 어려운 일이다. 특히 '수학'은 더욱 그렇다. 타이완대학 전기과를 졸업한 저자를 알고 지낸 몇 년 동안 우리는 모두 그를 전기 분야의 우수한 연구자로만 여겼는데, 그가 이렇게 세심하게 수학을 학생들의 실제 생활 면에 가까운 소설로 바꾸어 놓으리라고는 생각지도 못했다. 꼭지 하나하나가 모두 재미있고 생생한 에피소드들로 구성되어 복잡하게만 여겨지는 수학 공식이 아주 재미있는 소재로 변하니 한 번 읽으면 손을 뗄 수 없다! 특히 각 장마다 만화로 소개하는 부분이 흥미로우며 읽을 만한 가치가 있는 좋은 책이다.

과학기술부 장관, 진양기

나는 응용수학 방면의 연구자로서 많은 사람들로부터 '수학이 어디에 쓰이냐?'는 질문을 자주 받는다. 어쩌면 누군가에게는 수학이 일상과 상당히 동떨어진 것인지도 모른다. 하지만 현대 산업사회에서 수학은 사실 어디에나 존재한다. 미국 공업 및 응용 수학회가 2012년에 출판한 『산업에서의 수학』은 재무 분석, 금융 과학 기술, 생의약품, 석유 탐사 및 채굴 제조업의 최적화 설계, 컴퓨터 보조 제조, 로봇의 자동화, 각종 산업의 공급망 관리, 통신 운송 및 IT 등 미국 산업에서 사용되는 수학의 대략적인 모습을 알려준다.

사실 하이테크 산업뿐만 아니라 인류가 직면한 환경 문제, 에너지 문제, 분배 문제 등은 모두 수학을 활용하여 정성적, 정량적으로 분석 및 실행이 가능하며 예측 가능한 방안을 찾아낼 수 있다. 이것의 이면에는 '생활 곳곳에 수학이 있다'는 뜻이 내포되어 있으며, 수학이 생활 속에서 심화되어야만 이를 산업에 응용하고 더 복잡한 사회 문제를 해결할 수 있다.

이 책은 바로 이와 같은 함의를 품고 있는 책으로 저자는 거침없는 전개, 생동감 넘치는 삽화로 독자들을 매료시켜 기존의 틀에 박힌 생각을 바꾸어 수학이 생활상에서 이렇게 매력적이라는 것을 발견하도록 한다.

또한 그는 '생활 곳곳에 수학이 숨 쉬고 있다'는 정교한 문화를 세웠다.

대만 응용수학과학연구소 교수, 대만공업응용수학회 이사장, 진이양

독일의 문호 괴테는 수학자들은 모두 프랑스인이며, 그들이 당신이 한 말을 자신의 언어로 다시 한번 말하면 전혀 다른 것으로 바뀐다고 말한 적이 있다. 이 책은 이성과 논리 세계에만 존재하는 수학에 사랑과 아름다움이라는 문학을 더한 것으로, 저자는 소설을 통해 수학 자체에 내포된 풍부한 에너지를 방출하여 소수처럼 진실하고 감동적인 청춘 이야기들로 바꾸었고 복잡한 세계 뒤에 숨겨진 낭만과 진실을 보게 하였다.

작가, 유명 프로그램 진행자, 사천청

차례

연준 : 뛰어난 수학 천재로 한국대학교 전기과 2학년이다.

혜수 : 한국대 사범대학 1학년 신입생이다. 성격이 온화하고 수학을 사랑하는 수수께끼 같은 미소녀다.

PAUSE

지훈 : 유독 지하철에서 행운이 따르는 연준의 친한 친구이다.

민우 : 연준의 대학 동기다. 수학을 싫어하다가 혜수를 만난 후 수학을 좋아하는 척한다.

Part 1

늘 꿈에 그리던
이상형의 그녀를 만났다

01

사랑의 큐피트,
직각이등변삼각형 샌드위치

커피를 좋아하는 여자를 좋아하면 커피를 좋아하게 되고,
풀 시티 로스팅^{Full city roasting}과 시나몬 로스팅^{Cinamon roasting}의 차이를
이해하기 시작하지.
예술 영화를 즐겨 보는 여자를 좋아하면 예술 영화를 좋아하게 되는 거야.
그녀의 마음을 얻기 위해 나는 지금, 이 순간부터 수학을 좋아할 거야.
그리고 만약 수학을 좋아하는 사람이 있다면 슬그머니 웃어줄 거야!

"필수 과목을 빼먹고 사범대 일반 과목을 수강했다고?"

"응, 그게 내 운명이거든!"

연준이 의아해하며 묻는 말에 민우는 '운명'이라며 웃었다. 이렇게 즐거웠던 게 언제였을까?

"난 한국대학교에 합격했을 때도 행복했지만, 그 행복은 지금의 심정과 비교도 안 돼. 음, 굳이 비교를 하자면 일반 고추와 트리니다드 스콜피온 부치 T(세계에서 가장 매운 고추류들 가운데 하나)의 차이랄까."

"뭐? 일반 고추의 매운맛은 1만 정도인데, 트리니다드 고추의 매운맛은 150만 가까이 돼. 로그$^{\log}$로 계산하면…."

로그를 계산하는 연준의 목소리가 민우의 귀에서 점점 멀어지고 있다. 누구라도 수학을 언급하면 그의 목소리는 점점 배경음악과 비슷해지고, 점점 잘 들리지 않게 된다는 것을 느낀 적이 있을 것이다.

연준은 민우가 학과에서 알게 된 첫 친구로 지금은 막역한 절친이 되었다. 인연은 매우 기묘하다. 신입생 환영회장에는 많은 학생이 있었지만, 첫마디를 나눈 상대, 그가 바로 가장 호흡이 잘 맞는 사람이다.

민우의 대학 생활은 '연준과 함께하느냐, 연준과 함께하지 못하느냐'로 나눌 수 있다. 그런데 이상형의 여성과 절친을 앞에 두고 연준과 함께하지 않는 쪽을 선택했다는 건 이성에 대한 관심이 최고조로 달할 20대에게는 그리 놀라운 일이 아니다.

※

2학년 개강 첫 주다. 필수 과목을 수강해야 하는 부담이 갑자기 몇 배로 커졌다. 민우는 연준과 미리 필수 과목 강의를 들어본 후 서로 의견을 취합해 수강 신청을 하기로 했었다. 연준은 오늘따라 유독 정신없어 보이는 민우에게 이렇게 물었다.

"너 왜 필수 과목 안 듣고 사범대까지 뛰어갔어?"

"앨리스에서 그녀를 만났어."

"어? 누구?"

'앨리스' 카페는 학교 부근의 브런치 카페로, 학생들에게 인기가 많아 자리가 없을 때는 합석을 해야 할 때가 종종 있다.

"카랑카랑한 목소리로 '혹시 여기 앉아도 될까요?'라는 소리가 들려서 뒤를 돌아보니, 나의 이상형이 샌드위치를 들고 말하고 있는 거야!"

"지난번에 A를 만났을 때도 넌 그렇게 말했어."

"에이, 지난번 A와는 완전 달라!"

그 말에 연준이 미소를 지었다. 계산기보다 암산이 빠른 수학 천재 연준은 고등학교 때 이미 『좌충우돌 청춘 수학교실』이라는 소설을 쓴 친구이다. 그런 연준에 비해 민우는 이과 제1지망에 합격은 했지만, 그건 순전히 거의 만점에 가까운 언어와 영어, 두 과목 덕분이었다. 그는 진심으로 수학을 싫어해 아마도 '수학 증오 시합'에 나가면 반드시 높은 등수에 들 것 같다.

상황은 이랬다.

"혹시 여기 앉아도 될까요?"

"어? 네…!"

민우는 자신의 목소리가 가늘게 떨리고 있다는 것이 느껴졌다.

그는 일찍이 꿈속의 이상형과의 첫 만남은 더할 나위 없이 낭만적일 것이라고 생각했다. '교정에서 책을 안고 꽃나무를 응시하는 아름다운 그녀를 보게 되었다든가, 수업 중 그녀의 팔꿈치와 부딪쳐 노트를 떨어뜨리고 미안하다며 노트를 주워 건네면서 그녀와 눈이 마주친다든가, 카페에서 뜻밖에도 그녀와 내가 똑같이 아몬드 시럽을 세 번 눌러주는 큰 컵의 뜨거운 라떼를 주문한 것을 발견할 때라든지….'

하지만 민우의 이상형과의 만남은 그 어떤 것에도 해당되지 않았다. 상상했던 어떤 장면도 필요치 않은 이상형이 갑자기 나타나자, 늘 드나들던 앨리스의 공간이 극도로 낭만적으로 변했다.

그녀는 샌드위치를 가지고 놀고 있었다.

"샌드위치에 뭐 재밌는 거 있어요?"

망했다. 혼자 속으로 생각한 호기심을 입 밖으로 내뱉은 것이다. 그

녀는 그런 그를 몇 초 동안 쳐다보다가 "왜 샌드위치를 직각이등변삼
각형으로 만들지 않고, 이런 어설픈 직각삼각형으로 만든 걸까요?"라
고 물었다. 이건 또 무슨 상황인가?

'직각이등변삼각형'이라는 수학 용어가 앨리스 카페에 등장한 것은
아마 지금이 처음일 것이다. '친구와 절교하는 가장 좋은 방법은 그에
게 수학을 배우도록 강요하는 것'이라는 내 명언을 그녀가 혹 들은 건
아닐까? 하지만 우리는 아직 친구가 아닌데 절교할 필요는 없다.

"직각이등변삼각형을 특별히 좋아하는 건 아닌데, 흔한 직각삼각형
의 예를 들어 변의 길이가 (3, 4, 5)인 삼각형을 쓰면 좋지 않을까 하는
생각이 들어요. 낯선 곳에서 옛 친구를 만난 듯한 느낌 같은 거죠."

그녀가 내뱉는 대사가 머릿속에서 계속 튕겨 나갔지만, 그 말을 '누
가' 하느냐가 중요하다는 사실을 새삼 깨달았다. 만약 다른 사람이 이
런 말을 했다면, 이미 다른 자리로 옮겼을 것이다. 만약 어느 브런치
카페가 '(3, 4, 5) 베이컨 에그 토스트'를 내놓는다면, 그것을 거래 거
절 항목으로 분류할 것이다. 그런데 '그녀'라서 민우는 굳이 직각삼각
형을 언급하는 게 지금 조금도 이상하지 않다.

헬로키티처럼 입 없는 고양이도 팬이 많은데 직각삼각형을 좋아하
면 안 될 이유는 없지.

"음, 난 변의 길이가 (3, 4, 5)보다는 (30°, 60°, 90°)의 삼각형이 마
음에 드는데, 각도는 등차수열이고 변의 길이에는 무리수가 있어 화

려한 느낌을 주거든요."

민우는 자기 이야기에 취해 엉뚱한 말을 쏟아내고 있었다. 민우의 이야기에 귀를 기울이는 그녀의 즐거운 표정은 그가 평생 언어 기능을 상실해도 괜찮다는 생각이 들게 했다.

※

"그래서 너는 그녀와 함께 사범대에 가서 「소설과 영화 속의 수학적 사고」라는 일반교양 과목을 수강했다고?"

연준의 말이 민우를 핑크빛 앨리스 카페의 시간 속에서 현실로 끄집어냈다.

"응, 왜냐하면 (30°, 60°, 90°)의 화려한 직각삼각형을 좋아하기 때문에 수학을 주제로 한 일반교양 수업이 있다는 걸 알고 있었거든."

민우의 말에 연준은 대꾸하지 않았다.

그가 손에 든 콜라를 흔들자 얼음 조각이 부딪치면서 맑은 소리를 냈다.

"그녀의 이름은 혜수인데 사범대 교육학과 신입생이야. 연락처도 교환했어. 봐, 프로필 사진 너무 귀엽지 않아?" 민우는 연준에게 핸드폰 화면을 내밀었다.

"흠, 문과 여학생이 수학을 좋아한다고?"

"왜, 좋아하면 안 돼? 어이, 네가 수학 청년(이하 '수청')이면 다른 사람들이 수학을 좋아하는 것도 제재해야 해? 수학을 잘해야만 좋아할 수 있는 거야?"

"하긴, 어쨌든 그녀는 수학을 잘하는 것 같군."

"그런데 그녀의 수학 선택 과목 점수는 53점이래."

"60에 가까운 소수네."

갑자기 민우는 연준의 얼굴을 뚫어지게 쳐다보았다.

"내 얼굴에 뭐 묻었냐?" 연준의 말에 "빨리 가르쳐 줘. 수학을 일상 생활에서 자연스럽게 말하는 이런 능력, 나도 필요해."라며 민우는 두 손으로 자신의 머리를 감싸 쥐었다.

"혜수가 나를 '수청'이라고 오해하고 있기 때문에 아무래도 멸종 위기에 처한 두 동물이 아프리카 초원에서 어렵게 만난 느낌이야. 그리고⋯." 민우의 목소리가 점점 작아졌다.

"그녀는 내가 수학을 무척 잘한다고 생각하고 있거든."

"헐⋯." 연준이 어이없다는 듯 소리를 냈다.

"혜수는 내가 1지망 합격생이라는 것을 알고 있고, 일주일 전에 네가 말한 BMI 지식도 언급했거든. 휴⋯."

※

BMI$^{body\ mass\ index}$, 체질량지수는 어떤 사람이 자신의 체중이 적절한지 여부를 측정하는 데 사용되며, 계산방식은 $BMI = \dfrac{\text{체중(kg)}}{\text{키}^2(\text{m}^2)}$ 이다.

"BMI가 점점 높아지고 있어."

삼겹살 한 조각을 입에 집어넣으며 민우가 말했다.

"괜찮아, 넌 키가 크니까 '진짜' BMI 초과는 사실 네가 생각하는 것보다 한참 더 멀어."

연준도 배를 쓰다듬으며 그를 위로했다.

"BMI의 아버지인 통계학자 아돌프 케틀러는 사람과 그 능력의 발달에 관한 논문(A Treatise on Man and the Development of His Faculties)에서 '사람이 x, y, z축의 성장폭이 모두 같다면 그의 몸무게는 키의 세제곱에 비례한다'고 설명했어."

"그게 무슨 소용이 있어?" 민우는 삼겹살을 입에 쑤셔 넣으며 말했다.

"BMI는 몸의 '밀도'와 비슷한데, 질량과 부피의 비율이지. 하지만 사람은 정육면체가 아니야. 케틀러는 또 덧붙여서 설명했어. 즉, 허용 가능한 범위 내에서 우리는 체중의 제곱을 키의 다섯 제곱으로 나눈 값을 고정값으로 하자는 거였지. 수학 공식으로 정리하면, '$\dfrac{\text{체중}^2(\text{kg}^2)}{\text{키}^5(\text{m}^5)} = 고정값$'으로 '$\dfrac{\text{체중(kg)}}{\text{키}^{2.5}(\text{m}^{2.5})} = 고정값$'과 같아. 그래서 BMI의 원래 정의는 몸무게를 키의 2.5제곱으로 나눈 것이지."

"그런데 왜 나중엔 제곱으로 변했어?"

"옥스퍼드대 수학과 닉 트레페센^{Nick Trefethen} 교수는 BMI가 발명된 시기(1842년)에 2.5제곱을 계산하는 것이 쉽지 않다고 봤어. BMI 지표를 광범위하게 쓰기 위해 비교적 계산이 쉬운 제곱으로 바꾼 거지. 편의를 위해 정확도를 버리는 것은 수학 계산에서 종종 발견할 수 있어."

"구운 고기에 제곱을 배합하다니, 정말 훌륭한 양념이다! 사장님이 계산하실 거야."

지난주 연탄구이 고깃집에서 저녁 식사를 하며 나눈 대화였다.

"내가 혜수에게 이 이야기를 했더니 그녀가 나를 매우 존경하는 눈빛으로 쳐다봤다니까."

그러자 연준은 냉정하게 말했다.

"넌 당시에 'BMI와 IBM은 3B'(빙고 게임 용어, 알파벳의 위치가 같으면 A, 알파벳의 위치가 다르면 B)라고 말할 정도였지. 너는 수학을 잘하지도 좋아하지도 않는데, 이건 사기야."

"커피를 좋아하는 여자를 좋아하면 커피를 좋아하게 되고, 풀 시티 로스팅^{Full city roasting}과 시나몬 로스팅^{Cinamon roasting}의 차이를 이해하기 시작하지. 예술 영화를 즐겨 보는 여자를 좋아하면 예술 영화를 좋아하게 되는 거야."

민우는 의연하게 반박하고 이어서 중대한 일을 선포하는 어투로

마무리했다.

"그녀의 마음을 얻기 위해 나는 지금, 이 순간부터 수학을 좋아할 거야. 그리고 만약 수학을 좋아하는 사람이 있다면 슬그머니 웃어줄 거야."

"듣기만 해도 그 표현은 수학을 좋아하는 사람이 하는 말이 아닌데?"

"그렇다면 앞으로 진심으로 수학을 좋아하는 사람처럼 말할게."

그러면서 민우는 입을 꼭 다물고 수학에 빠져들도록 최면을 걸었다.

02

비선형적인 다이어트 효과

"수학을 싫어하는 사람이 1초 후에 바로 수학의 재미를 느낄 순 없지. 만약 이런 만병통치약이 있다면, 모든 수학 선생님은 다 구원을 받을 수 있을 거야." 어떻게 보면 수학 선생님은 세상에서 가장 힘든 사람인지도 모른다. 매일 수백 명의 사람들을 따라다니며 그들이 평생 쓰고 싶지 않다고 느끼는 물건을 팔아야 하는 일을 하는 것과 같기 때문이다.

"수학 선생님이 가장 어려워하는 것은 수학을 좋아하도록 가르치는 거야. 수학은 생활 밖으로 독립하는 것이 아니라 생활에서 드러나는 것으로, 빛과 그림자처럼 늘 함께한다는 것을 먼저 깨달아야 해."

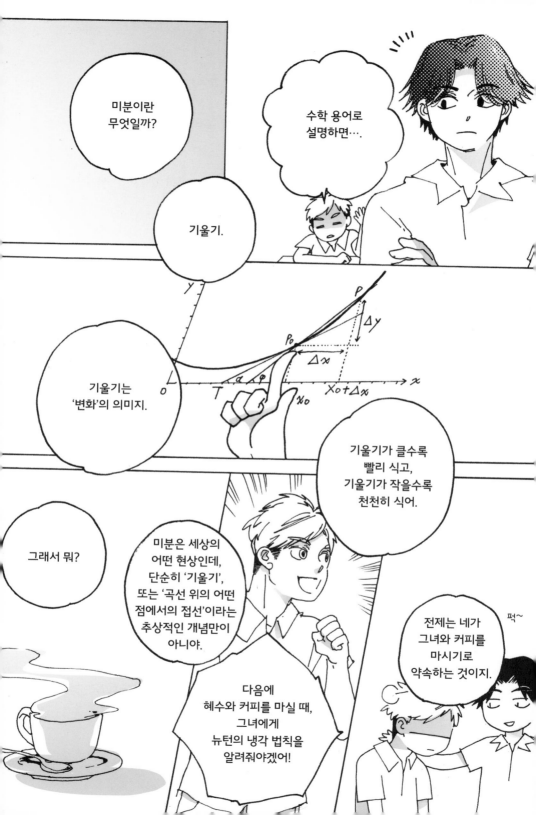

연준과 민우는 점심을 부리나케 먹은 후, 곧바로 앨리스 카페로 자리를 옮겼다.

"공부가 지루하니 어쩔 수 없이 나 자신에게 커피 한 잔을 선물하면서 공부의 능률을 올리려고 하는 거야."라며 민우는 연준의 손에 들려 있는 미적분 교재를 보며 크게 한숨을 쉬었다.

"혜수는 지금 뭘 하고 있을까? 어쩌면 수학을 좋아하니 유명한 수학 소설 『박사가 사랑한 수식』을 읽고 있을까?"

민우는 의식의 흐름대로 말을 하는 편이다. 마음속에 쌓아 두는 것은 나노급이다. 어쩌면 연준과는 상반된 성격이지만, 연준은 이런 개성 있는 친구들이 좋다.

"수학을 좋아하는 척하는 것보다, 수학을 원하는 마음을 갖는 게 더 쉬울 것 같아."

"그래야겠지. 진실한 사랑 앞에서 다 가장해야 한다면, 그런 인생은 너무 슬프잖아?"

"(30°, 60°, 90°)의 화려한 직각삼각형을 말할 때 슬프지 않았어?"라는 연준의 말에 '그건 어쩔 수 없는 일이었다'며, 민우는 탁자를 두드리면서 말했다.

"빨리 가르쳐줘. 너는 왜 미적분이 재미있다고 생각해?"

좋은 질문이다. 수학은 타고난 감각, 자명한 정리, 마치 꽉 맞물린 톱니바퀴의 논리성처럼 엄격하다. 그리고 수학은 태생적으로 흥미를 가지고 탄생한 학문이며, 이런 이유로 스도쿠가 전 세계에 보급될 수 있었다. 수학을 싫어하는 사람에게는 이런 말을 해도 소용이 없을 뿐, 두리안을 싫어하는 사람에게 '두리안은 정말 향기로워'라고 말하는 것처럼 서로의 거리만 더 벌어지게 될 뿐이다.

"미분이란 무엇일까?" 연준이 물었다.

"기울기!"

"기울기는 수학 용어인데, 다른 표현은 없을까?"

연준은 손을 뻗어 민우가 냅킨에 곡선과 접선을 그리는 것을 막았다. 100명에게 이 문제를 물어보면 95개의 같은 답을 얻을 수 있다. 사람들은 수학을 수학으로 해석하는 데 익숙하다. 수학은 세상과 단절된 외딴섬이다. 섬 안에 있는 생물들은 모두 고유종으로 현실 세계와는 완전히 다르다.

"어…." 민우는 배탈이 날 때 나는 소리를 냈다. 그가 무엇을 연상할 수 있는지 연준은 시간을 주기로 했다.

"커피가 다 식었는데 아직도 생각이 안 나?"

"미분 문제를 푸는 것보다 더 어려워."

연준은 커피 한 모금으로 입안에 향기가 퍼지는 것을 느끼며 준비된 답을 말했다.

"이 커피는 처음에 뜨거웠는데 지금은 차가워졌어. 이 변화의 과정

33

은….”

“뉴턴의 냉각 법칙으로, 이것은 미분과… 오, 맞아.”

이과 1지망 합격생답게 민우는 곧 대학교 1학년 일반물리학에서 말하는 뉴턴의 냉각 법칙(물체의 온도 변화는 현재 주변 환경의 ‘온도차’와 정비례한다는 것)을 생각해 냈다.

“현재 커피의 온도가 c, 주변 환경의 온도가 s라고 가정하면 냉각 법칙은 우리에게….”

연준은 민우의 냅킨을 가져와 다음과 같은 식을 썼다.

$$\frac{dc}{dt} = k(c-s)$$

“우변은 커피와 주변 환경의 온도 차에 고정 상수 k를 곱한 것이고 좌변의 미분은?”

“커피 온도의 변화.” 연준은 고개를 끄덕였다.

“그래서 기울기는 ‘변화’를 의미해. 뜨거운 커피가 차가워지는 과정은 기울기로 설명할 수 있는데 기울기가 클수록 빨리 식고, 기울기가 작을수록 천천히 식지.”

민우는 커피를 보고, 또 연준을 쳐다보았다.

“그래서? 흥미로운 점이 뭔지 모르겠어.”

“미분이 세계의 어떤 현상이라는 것을 나타내는 것은 단순히 기울기가 곡선 위의 어떤 점에서 접선이라는 추상적인 개념만이 아니야.”

"난 뉴턴의 냉각 법칙을 말했던 건데." 민우가 반박했다.

"하지만 눈앞의 커피가 뉴턴의 냉각 법칙 실험을 하고 있는 줄은 몰랐잖아. 내 말은 네가 1초 전에 수학을 싫어하고, 1초 후에 바로 재미를 느낄 수는 없다는 거야. 만약 이런 만병통치약이 있다면 모든 수학 선생님은 모두 구원을 받을 수 있을 테지."

어떻게 보면 수학 선생님은 세상에서 가장 힘든 사람인지도 모른다. 매일 수백 명의 사람들을 따라다니며 그들이 평생 쓰고 싶지 않은 물건을 팔아야 하는 일을 하는 것과 같기 때문이다.

"수학 선생님이 가장 어려워하는 것은 수학을 좋아하도록 가르치는 거야."

연준은 유일하게 예외적인 한 분을 떠올렸다. 고등학생 때 보충반 수학 선생님이었던 성찬은 첫 수업 때부터 어떤 수학 정리도 가르치지 않았다. 하지만 그는 학생들의 수학에 대한 마음을 바꾸어 놓았으며 수학을 좋아하게 만들었다. 핵심은 수학과 생활 속 연결고리를 발견하는 것이다.

"수학은 생활 밖으로 독립하는 것이 아니라 생활에서 드러나는 것으로, 빛과 그림자처럼 늘 함께한다는 것을 먼저 깨달아야 해."

"일본 애니메이션에 나왔던 대사군. 음, 다음에 혜수와 커피를 마실 때 뉴턴의 냉각 법칙을 알려주고 공식을 써 보이면 그녀는 틀림없이 내가 수학 천재라고 생각할 거야."라며 민우는 핸드폰으로 연준이 방금 쓴 공식을 사진으로 남겨두었다.

"전제는 약속을 미리 잡아야 한다는 것이지."

연준의 말은 액체질소처럼 그를 급속 냉동시켰다.

"그녀가 나를 흥미롭게 여기도록 방법을 강구해야만 그녀와 커피를 마시러 갈 수 있겠지. 나는 커피를 마셔야 뉴턴의 냉각 법칙을 말할 기회를 가질 수 있어. 닭이 먼저냐, 달걀이 먼저냐!"

"닭이 먼저냐, 달걀이 먼저냐는 논리적으로 '내가 먼저 그녀에게 관심이 있어 커피를 마시러 간다' 아니면 '먼저 커피 마시러 가야 그녀가 나에게 관심을 보인다'인데, 너의 입장에서는 아직 아무 일도 일어나지 않았군."

"더 이상 논리로 나를 때리지 말고 재미있는 이야깃거리를 더 생각해 봐. 오늘 커피는 내가 살게."

"미분이 '변화'라고 묘사한 이상, 너는 반드시 커피가 식었다고 말할 필요는 없어. 어떠한 사물의 변화라도 좋아. 비유하자면, 지난번 다이어트 화제를 이어갈 수도 있어. 항간에는 많은 다이어트 방법이 있는데, 얼마나 빨리 걷느냐 또는 적게 먹느냐인데 이런 전략들은 대부분 '1kg의 지방을 줄이려면 7,700kcal를 소모해야 한다'는 원칙에 근거해. 운동은 칼로리를 직접 소모하고 적게 먹는 것은 칼로리 섭취를 줄이는 것과 같아. 그렇지?" 민우는 고개를 끄덕였다.

"그러니까, 만약 네가 체중 감량 전략으로 일주일에 5시간씩 빨리 걷기로 7,700kcal를 소모한다면…"

"1주일에 1kg, 2주차에 2kg을 뺄 수 있어."

"한 달이면?"

"4~5kg"

"10주라면?"

"10kg"

"1년은?"

"5…." 민우도 이상한 점을 발견했다.

"1년에 52kg, 2년에 104kg이 빠져. 이런 체중 감량 전략의 맹점은 고정된 '변화'를 가정하는 것인데, 즉 고정값으로 미분되는 것이지."

연준의 설명에 민우는 바로 대답했다.

"직선의 기울기! 우리 사촌 누나는 매번 다이어트가 처음에는 쉽지만 나중에는 말뿐이 되어버렸어." 민우의 이야기에 연준이 설명을 이어갔다.

"혼자 살을 빼는 과정에서 체중과 신진대사 속도가 바뀌면서 그녀의 열량 섭취 기준점이 점차 낮아지기 때문이지. 일정 기간이 지난 후 지속적으로 체중을 줄이고 싶다면 새로운 체질에 맞게 업그레이드된 식습관과 운동 방식을 설계해야 해. 줄어드는 변화는 시간이 지남에 따라 점차 작아지거든. 그런데 이런 방정식은 무엇일까?"

민우는 집게손가락을 내밀어 허공에 곡선을 그렸다.

"1계 미분은 음수에서 0으로 점차 가까워지니까 아래로 볼록이고, 2계 미분은 0보다 크지."

"2계 미분은 1계 미분의 '변화'로 볼 수 있으니까 1계 미분이 음수에서 점차 0으로 변하고, 더 커질수록 2계 미분은 자연히 0보다 커져."

민우는 옛날에 외우긴 외웠는데, 그런 생각은 해보지 않았다며 중얼거렸다.

"돌이켜보면, 네 사촌 누나는 다이어트 전략을 관철시켜도 효용이 점점 줄어들었을 거야. 줄어든 체중을 일정하게 유지하려면 갈수록 강해지는 체중 감량 전략을 써야 해. 이런 선형 변화의 수수께끼는 체중 감량뿐만 아니라 다른 측면에서도 일어나지. 예를 들면 정부가 어떤 통계 수치를 발표하는데, 몇십 년 후에 얼마나 비참해질 것인지를 추론하는 거지. 사실 그렇게 비참해지지는 않을 거야. 그건 단지 선형 가설의 결과일 뿐이거든."

연준은 이런 종류의 보도를 볼 때마다 매우 황당하다고 생각했다. 그러나 어쩔 수 없이 선형성이 가장 이해하기 쉽고, 많은 경우 사람들의 선택 기준은 '옳음'이 아니라 '좋음'이다.

"변화가 반드시 선형일 필요는 없고, 시간이 지날수록 방금 말한 것처럼 아래로 볼록한 형태지만 변화의 폭은 점점 작아지지."

"반대로 위로 볼록한 형태이면 점점 더 가파르게 내려가지. 즉, 나는 이런 수학을 이용해서 혜수가 나를 사랑하게 만들 거야! 그런데 여자랑 다이어트에 관해 이야기하는 게 가능해?"

민우는 감격에 겨워 주먹을 쥐었다가 문득 떠오르는 듯 연준에게 물었다.

"그녀가 뚱뚱해?"

"아니, 그렇다고 '종이 인간'은 아니잖아."

"그렇다면 몸무게를 별로 신경 쓰지 않는다는 뜻이니 괜찮을 것 같군."

사실 몸무게를 신경 쓰면서도 다이어트에 성공하지 못하는 게 확률의 문제일 수도 있다고 생각했다. 하지만 민우에게 다시 확률에 대해 이야기했다면, 그의 뇌 용량은 초과했을 것이다.

03

시간 관리에도 수학이 필요하다고?

"공부하는 데도 시간 관리가 필요해!
공부가 가장 중요하지만, 또 놀고 싶기도 하니 최소한의 시간을 써야 하지.
이것은 최적화의 문제로, 목표는 '시간'이고 제한은 '공부해야 할 모든
책'이야.
대학에서 공부하는 것은 많은 일 중 하나가 되었으니까 공부의 목표는
주어진 시간 내에 가장 많은 책을 다 보는 것으로 바뀌지."
"차이는 무엇일까?"
"최적화 목표가 바뀌었어. 지금은 지식의 양에 최적화되어 있고 제한은
주어진 시간이야."

"안녕, 뭐 하고 있어?"

"다음 주에 시험이 있어서 공부하고 있어요."

혜수의 프로필에 '공부 중' 원 그래프가 $\frac{3}{4}$을 나타내고 있다. 열심히 공부하는 혜수를 보면서 민우는 자신의 게으름이 부끄러워졌다.

※

"혜수의 공부를 돕고 싶은데 어떻게 도와야 효율적일까?" 민우는 연준에게 도움을 청했다.

"공부는 사실 시간 관리를 할 줄 알아야 해. 최소한의 시간으로 공부해야 할 지식을 습득하는 거지. 투자하는 시간을 최대한 줄여 공부를 할 수 있다면 게임이나 휴식할 시간도 가질 수 있어. 이것은 최적화 문제로, 목표는 '시간'이고 제한은 '공부해야 할 모든 책'이 되지."

민우는 의자를 끌어와 프린터 옆에 연준과 나란히 앉았다. 연준이 말했다.

"대학 입학 후, 공부는 해야 할 일 중에서도 대부분을 차지하고, 학습 범위는 중·고등학교에서처럼 교과서 내의 것이 아니야. 그래서 공부 목표는 주어진 시간 내에 가능한 많은 공부를 하는 것으로 바뀌었어."

"가장 큰 차이가 뭐야? 이건 같은 말이 아닌가?"

"최적화 목표가 바뀌었어. 지금은 흡수된 지식의 양이 최적화의 목표, 제한은 일정한 시간이야. 고등학생 때는 공부를 다 하지 못하면 잠을 잘 수 없었지만, 지금은 기껏해야 자정까지 공부하는 편이지."

연준은 프린터에서 종이 한 장을 꺼내 뒷면에 다음과 같이 썼다.

고등학교 :
minimize 공부 시간
subject to 공부해야 할 책 $\geq$ 시험 범위

대학교 :
maximize 공부해야 할 책
subject to 공부 시간 $\leq$ 2시간

"subject to 뒤에 제한할 요소를 적어놓았는데, 이를 충족하면 제한 최적화constrained optimization라고 해. 이 두 가지 문제의 차이는 최적화의 목표와 제한식이 마침…."

연준의 말이 잠시 끊기고 다운된 것처럼 몇 초 멈추었다가 다시 이어졌다.

"주어진 시간 동안 할 수 있는 가장 효율적인 공부 방법은 다른 과목을 번갈아 공부하는 거야. 그러면 수학 공부를 계속해도 지치지 않아."

"넌 수학 공부만 하고 싶겠지." 민우의 말에 연준이 그를 쳐다보며 말했다.

"다른 과목도 수학의 절반만큼이라도 재미있다면 조금 더 좋아하겠지."라며 연준이 수긍한다는 듯 고개를 끄덕여 보였다.

"사람마다 공부 습관은 다르지만, 우리는 모두 자신에게 가장 적합한 공부 순서가 있다는 것을 알아. 어떤 친구가 물리학, 수학, 화학, 국어, 역사, 지리, 영어를 공부한다고 가정하면, 그의 공부 습관은 수학 전후에 각각 물리학과 화학을 하는 거야. 물리 전후에 화학과 수학이 있지만, 물리에는 응용문제가 많기 때문에 국어 공부도 이어서 할 수 있지. 화학은 물리학과 비슷해서 전후에 수학, 국어, 물리, 국어 전후에 물리, 화학, 역사, 지리도 가능해. 역사와 지리, 국어도 이어서 공부할 수 있어. 역사도 영어와 이어서 할 수 있고. 지리는 역사와 유사해서 전후에 역사, 국어, 영어로 이을 수 있어. 영어는 역사, 지리 사이에서만 이을 수 있겠군."

"뭐가 이렇게 많아? 공부 순서에도 이렇게 많은 규칙이 있으니, 공부하기 전에 최소 두 배의 시간을 들여 공부 계획을 세워야 할 것 같아."

민우가 못마땅하다는 듯이 말하자, 연준은 고개를 숙여 그래프를 그렸다.

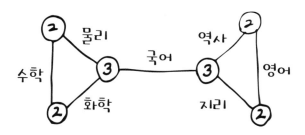

"코난의 나비넥타이?"

"그래프 이론은 연관성을 나타내는 수학이야." 연준의 '수청 모드'
가 가동되었다.

"그래프 이론은 쾨니히스베르크의 칠교문제$^{\text{Seven Bridges of Königsberg}}$에
서 비롯되었어. 쾨니히스베르크에는 일곱 개의 다리가 있는데, 현지
주민들은 주로 다리 위를 산책하는 데 오랜 시간을 보냈지. 그들은 중
복하지 않고 일곱 개의 다리를 한 번에 건널 수 있는지 궁금해했어."

민우가 연준을 쳐다보며 혀를 내둘렀다.

"못 믿겠으면 인터넷 검색해 봐. 어떤 사람이 이 문제를 수학자 오
일러$^{\text{L. Euler}}$에게 묻자 그는 이상하게 여겼어. 오일러는 쾨니히스베르크
에 가본 적도 없고, 이건 수학 문제가 아닌데 왜 그에게 물었을까?"

"수학 문제라 해도 왠지 모를 것 같아."

"하지만 오일러는 중복 없이 한 번에 일곱 개의 다리를 건널 수 없
다는 것을 곧 알게 돼."

"오일러가 쾨니히스베르크에 다녀왔어?"

민우의 말에 연준은 실소를 터뜨렸다.

"하하, 아니. 수학자는 문제를 추상화할 수 있는데, 추상 문제를 해결하는 것은 현실 문제를 해결하는 것과 같아. 그러니 그는 쾨니히스베르크에 다녀올 필요가 없지."

"내가 쾨니히스베르크 사람이었다면 다녀간 적도 없는 그 사람을 믿지는 않았을 거야."

"진실은 사람들이 믿느냐 안 믿느냐에 달려 있지 않아."

연준의 말에 민우는 웃으며 그가 그린 그림으로 시선을 돌렸다. 각 선분 옆에 과목이 적혀 있고 선분과 선분의 교점에 숫자가 표시되어 있다. 다시 자세히 보니 이 수는 점에 연결된 선분의 수이다.

"이 수를 차수^{degree}라고 하는데, 오일러는 쾨니히스베르크의 칠교 문제에서 그래프 이론이라는 점과 선으로 현상을 분석하는 수학 영역을 발전시켰어. 쾨니히스베르크의 칠교 문제에서 모든 다리는 하나의 선이지. 우리가 말한 한 과목은 바로 선분 하나야. 선분 간의 연결은 공부 습관에 따라 그려져. 방금의 예를 보면 수학은 물리나 화학과 이어서 공부해야 해서 보다시피 수학의 선분은 물리, 화학과 연결되어 있어."

완전히 다른 두 가지 일이 수학에 의해 추상화된 후에도 동일하다는 것이 조금 의외였다.

"독일 작가 괴테는 '수학자들은 모두 프랑스인이며, 그들이 네가 한 말을 자신의 언어로 다시 한번 말하면 완전히 다른 표현이 된다'고 했어."

"괴테의 심정을 알겠어."

"괴테가 말하지 않은 한 가지는 이 예처럼 수학자는 완전히 별개인 일을 동일한 표현으로 단순화할 수 있다는 거야. 그래서 수학자는 한 가지 해결 방법만 발명하면 많은 문제를 동시에 해결할 수 있어. 여기에서 오일러는 한 번에 모든 선분을 지나려면 두 개 점의 차수가 홀수여야만 한다는 것을 발견했어. 만약, 이것이 충족되지 않으면 중복 없이 한 번에 모든 선분을 지날 수는 없어."

"규칙이 이렇게 간단해?"

"그리고 홀수 점에서 시작해야 해."

민우는 고개를 숙여 그래프를 들여다봤다. 이 그래프에서 두 점만 차수가 3이고 나머지는 모두 짝수이다. 그는 집게손가락을 내밀어 왼쪽의 3번에서 출발하여 물리→수학→화학→국어→지리→영어→역사를 짚었다. 이야! 정말 다 지나간다. 그런데 왼쪽 위의 2에서 출발하면 수학→화학→물리가 되어 다 지나갈 수 없다. '왜?'라고 민우가 고개를 갸우뚱거리자 연준은 그에게 다시 물었다.

"차수가 1인 점에서 무슨 일이 일어날까?"

"들어가면 못 나와."

"차수가 2인 점은?"

"그냥 바로 통과하지. 들락날락."

"차수가 3이면?"

이해했다. 차수 3은 들어가고 나오는 것 두 번을 쓰면 차수가 1인 점이 된다.

"시작점은 '나가면 돌아오지 않는다', 끝점은 '들어가면 나오지 않는다'이기 때문에 차수가 홀수여야 해. 다른 건 안 돼."

"맞아, 네가 이렇게 혜수에게 설명하면 그녀는 아마 이해할 거야. 다만, 하나의 상황에서 여러 가지 다른 그래프를 그릴 수 있다는 점에 유의해야 해." 연준은 펜을 들어 다른 그래프를 그렸다.

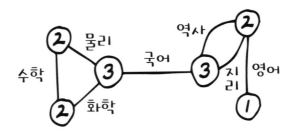

"혜수의 공부 습관도 이렇게 그릴 수 있겠지만, 이렇게 되면 홀수점이 너무 많아서 한 번에 다 그릴 수 없어. 간단히 말해서 상황과 그래프는 일대일one to one이 아니라 일대다, 혹은 다대다…."

이것은 간단한 설명으로 끝나지 않았다. 민우는 연준의 목소리를 무시하고 그래프 이론의 지식이 아직 빛을 잃지 않은 틈을 타서 얼른 혜수에게 메시지를 보냈다.

04

수학으로 지하철 자리 뺏기

"'좌석을 얻는다'는 것은 서열 문제로, 일정 순위 이내의 사람이 좌석을 차지할 수 있어. 처음엔 승차 순서가 곧 서열이 돼. 좌석이 모두 차면 '빈 좌석으로부터의 거리'로 순서가 정해지지."

민우는 손가락을 흔들었다.

"자리 뺏기 좋아하는 아주머니는 아무리 멀어도 달려와."

"맞아, 수치심도 일종의 서열 준칙이야. 약자들을 배려해 앞 순위에 우선적으로 넣을 수 있는 자리 양보 메커니즘도 있어."

"자리를 살 순 없는 건가?"

"있긴 해. 비즈니스석!"

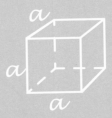

9월 초다. 그런데 태양은 조금도 꺾일 조짐을 보이지 않고 자전거를 탈 때 뺨을 스치는 바람이 아직도 뜨겁기만 하다. 연준은 민우와 아르바이트를 하러 가는 길이다.

연준은 민우에게 지난번 혜수와 카페에서 수학 실험을 한 결과를 물었다.

"정말 한동안 놔뒀다가 차가운 우유를 부었더니 더 차가웠어."

일반적으로 실험은 오차가 생기기 쉬운데 컵의 재질, 복사열 등 고려하지 않은 요소가 너무 많기 때문에 100% 성공할 확률은 매우 낮다.

수학자 폰 노이만은 "사람들은 수학이 어렵다고 생각하는데, 그것은 삶이 얼마나 복잡한지 모르기 때문이다."라고 했다. '삶이 빙산'이라는 것이다.

우리는 바다에서 멀리 빙산을 볼 때, '수학'이라는 고배율 망원경을 꺼내어 모든 세부 사항을 자세하게 본다. 고배율 망원경은 조작이 매우 복잡해서 어떤 사람들은 이 때문에 수학을 싫어하고, 사용하기 어렵다고 느끼며, 육안으로 봐도 충분하다고 생각한다. 하지만 틀렸다. 수학이 없을 때 사람들은 '느낌이 아주 뚜렷하다'라고만 할 뿐, 세부 사항은 전혀 알 수 없다.

그리고 설령 수학이 있다는 것을 발견하더라도, 사람들이 볼 수 있는 것은 바다 위에 떠 있는 일부분에 지나지 않으며, 진정한 삶은 수학이 구현할 수 있는 것보다 훨씬 더 복잡하다. 5세 어린이가 커피를 탈 순 있지만, 우리는 그 어린이가 커피가 마실 수 있을 정도로 성장할 때까지 기다려야 커피와 우유의 온도 변화 과정을 설명할 수 있다. 그리고 '커피 우려내기'의 완전한 과정을 정확하게 묘사하기까지는 시간이 더 걸린다.

민우는 제대로 된 결과를 얻을 수 있도록 앨리스 카페에 먼저 도착해 사전 준비에 공을 들였었다.

2분 안에 말할 수 없다면 누구도 설득할 수 없다

지하철 객차에 들어서자, 몸의 열기가 순식간에 빠져나갔다. 두 사람은 간신히 자리를 찾아 앉았다. 민우의 화제는 여전히 혜수에 관한 것이었다.

"히가시노 게이고 알아?" 연준이 물었다.

"추리소설 작가?"

"히가시노는 이공계 출신으로 그쪽 이슈에 매우 관심이 많아. 공대 출신인 그는 2분 이내로 사람들이 이해할 수 있게 설명할 수만 있다면 이공계 화제는 매우 환영을 받을 거라고 했어. 그런데 너처럼 미분방정식을 열거하는 건 너무한 거 아니야?"

"무슨 소리야? 직각이등변삼각형 샌드위치를 먹고 싶다고 말한 사람은 혜수야.”

“하긴, 깜빡했네.”

차 문이 열리자 노신사가 노부인을 부축하며 들어섰다. “여기 앉으세요.” 민우가 연준을 따라 일어서자 그들은 허리를 굽혀 고맙다는 말을 연신했다. 민우는 다시 좀전의 화제로 돌아갔다.

“히가시노 게이고의 말도 일리가 있어. 매번 그렇게 심도 있는 수학을 해야 하는 건 너무 어렵고 외우기도 힘들어. 나에게 2분 수학을 한번 보여줘.”

자리에 앉은 노부부의 손이 자연스럽게 맞닿아 잔잔한 로맨스를 발산하고 있다.

“‘자리 양보’를 예로 들어볼게. 자리는 보통 누가 우선일까?”

“먼저 차에 탄 사람.”

“맞아. ‘자리를 차지한다’는 것은 일종의 서열 문제로, 일정 순위 안에 있는 사람이 자리를 차지할 수 있어. 현재는 승차 순서에 따라 서열이 정해지지만 자리가 다 차게 되면 그 자리에서 어느 정도 위치에 있는지 그 ‘거리’에 따라 우선 순위가 바뀌지.”

그러자 민우가 아니라는 듯 손가락을 흔들면서 말했다.

“하! 안 그런 경우도 있어. 아주머니들은 아무리 거리가 멀어도 잽싸게 달려와 앉거든.”

“맞아, 수치심도 일종의 서열 준칙이야. 약자들을 배려해 앞 순위에 우선 넣을 수 있는 자리 양보 메커니즘도 있어. 이런 요소들을 모두 고려한다면, 엔지니어는 프로그램으로 지하철에서 승객이 자리에 앉아 있는 상황을 시뮬레이션할 수도 있겠지."

"이렇게 말하다 보니 자리를 돈으로 사는 것도 괜찮다는 생각이 드는데?"

"비행기에는 비즈니스석이 있잖아. 비즈니스석은 돈으로 좌석을 사는 메커니즘이지."

"재미있긴 한데 수학이랑 무슨 상관이야?"

연준은 옆자리를 가리키며 말했다.

"만약 네가 피곤하다고 가정해 보자. 너는 매우 착해서 도움이 필요한 사람을 보면 자리를 양보하지만, 오늘은 정말 푹 쉬고 싶어. 이럴 때는 네가 어떤 자리를 고르면 좋을까?"

"L자형 배려석 안쪽 자리인가?"

"모범 답안이야. 자리를 양보하는 우선순위는 '도움이 필요한 사람과 얼마나 가까운가'에 따라 결정되는데, 3개의 1열 좌석은 좌석마다 앞에 사람이 설 수 있고, 문과 가까워 승하차가 편리하지. 도움이 필요한 사람이 네 앞에 서 있기 쉽다는 말이야."

민우가 고개를 끄덕이자 연준은 반대편 L자형 자리를 가리켰다.

"L자형 맨 안쪽 자리는 입구에서 거리가 멀고, 바로 옆에 서 있을 공간도 없어."

"오! 왜 내가 직감적으로 약자 배려석이 있는 L자형 좌석을 선택했는지 알겠어. 자리를 양보해야 하는 사람이 승차하면 배려석 승객이 자리를 양보하지 않는다는 것을 알고 반대편 배려석이 없는 L자형 좌석에 가서 자리를 양보받을 기회를 만드는 거네. 세상에, 난 논리적인 사고가 반 박자 느릴 정도로 직감이 강해."

"넌 논리적 사고가 약한 편이긴 해."

민우는 연준의 말에 개의치 않고 한숨을 쉬며 말했다.

"이런 논리 좋긴 한데 너무 현기증이 나."

"현기증?"

"넌 이미 어떤 일이든 수학적으로 생각할 수 있을 정도로 수학이 내재화되어 있지만 난 아니야. 억지로 외운다고 해도 혜수가 캐물으면 대응할 수가 없어. 커피나 뉴턴의 냉각 법칙처럼 완벽하게 외울 수 있는 지하철 관련 고전 수학은 없을까? 그러면 혜수와 지하철 데이트를 할 때 유용하게 써먹을 수도 있을 텐데…."

에스컬레이터에서는 뛰지 마세요

"세계에서 가장 총명한 수학자 중 한 명인 테렌스 타오가 다음과 같은 질문을 던졌어. 너의 상황을 대입해서 한번 상상해 보자. 네가 지하철역에 들어선 직후에 혜수를 우연히 만난다면 어떨까? 아직

모르는 사이라고 가정하자. 그녀는 에스컬레이터에 오른 후 오른쪽
에 서 있지 않고 왼쪽으로 쭉 걸어 올라가. 그리고 넌 혜수를 따라
가겠지."

"흠, 상상에서도 나는 이미 혜수에게 한눈에 반한 남자군."

"한편 그녀는 처음부터 등 뒤에서 너의 시선을 느끼고 정상 속도의
두 배로 빨리 걸어. 덩달아 너도 발걸음이 빨라지지. 그런데 에스컬레
이터에서 너는 어떤 아주머니에게 가로막혀 앞으로 나아갈 수가 없
게 됐어." 민우는 한숨을 쉬었다.

"지하철 개찰구에서 에스컬레이터까지의 거리, 그리고 에스컬레이
터의 전체 길이가 각각 20m, 너의 걸음 속도와 에스컬레이터 속도는
모두 1m/s라고 가정하자. 방금 이 두 가지 상황에서 너는 이 효율이
완전히 같다고 생각해?"

"이건 초등학교 수학 문제인데 대단한 수학자가 물었다고?" 민우
는 시큰둥한 말투로 이어서 말했다.

"첫 번째 상황을 보면 개찰구에서 에스컬레이터까지 $\frac{20}{1}$=20초가
걸렸고, 에스컬레이터에서 $\frac{20}{1+1}$=10초가 걸렸으니 총 30초가 걸렸
어. 두 번째 상황은 개찰구에서 에스컬레이터까지 $\frac{20}{2}$=10초, 에스컬
레이터에서는 움직이지 못하니 꼬박 $\frac{20}{1}$=20초가 걸리니 역시 총 30
초가 걸렸지. 결과적으로는 차이가 없어. 괘씸해, 나를 계략에 빠지게
만들려는 거지?"

민우의 논리는 대부분의 사람이 가장 먼저 하는 생각으로 시간이 완전히 같다. 그렇다고 해서 걷는 거리가 같은 것은 아니다.

"첫 번째 상황에서 너는 개찰구에서 에스컬레이터까지 20m를 걸었고, 에스컬레이터에서 10초 걸렸기 때문에, 또 10m를 걸어서 총 30m를 걸었어."

"두 번째 상황은?"

"개찰구에서 에스컬레이터까지 20m를 걸었지만, 에스컬레이터에서는 움직이지 않아 총 20m만 걸었어."

"같은 시간인데 10m가 부족하다고?" 연준이 고개를 끄덕였다.

"맞아, 첫 번째 상황은 에스컬레이터에서도 걸었기 때문에 에스컬레이터에 있는 시간을 줄였어. 네가 에스컬레이터에 1초 머물 때마다 에스컬레이터가 너를 1m씩 앞으로 민 거야. 그런 측면에서 보면 에스컬레이터를 걷는 것은 비효율적인 행동이고, 에스컬레이터의 효율을 낭비하는 거지. 시간에 쫓기는 사람은 이동 시간을 단축하기 위해서 모든 것을 희생하고 싶어 해. 다만 체력에 한계가 있어 쉴 시간이 필요하다면 에스컬레이터로 달려가 쉬는 것이 현명하지."

"와우, 나도 듣고 나면 얻는 게 있구나!" 그러면서 민우는 시계를 보았다.

"그래, 하지만 넌 2분 넘게 걸렸어. 히가시노 게이고는 너에게 불합격이라고 말할 거야. 하지만 혜수는 분명 좋아할 거야."

"그런데 너 여기서 내려야 하는 거 아냐?" 연준은 화제에 몰두하고 있는 민우를 일깨웠다.

"오, 맞아. 잘 가."

민우가 고개도 돌리지 않고 인사하며 지하철에서 내리려고 하자 연준은 때를 놓치지 않고 말했다.

"다음 주말에는 혜수 친구들과 미팅 좀 주선해 봐."

"미팅?"

차 문이 음악에 맞춰 닫히자 민우의 얼굴은 뒤로 사라졌다.

Part 2

라이벌,
농구남의 출현

05

이분그래프 매칭으로 이상적인 커플을 찾아라

"혜수와 커플이 될 방법이 없을까?"

"혜수가 너와 함께 400m 운동장을 달리는데 혜수는 시계 방향으로 6m/s, 넌 반시계 방향으로 4m/s로 달린다고 하자. 두 사람은 몇 초 후에 세 번째로 만나게 될까?"

"첫 번째 만남은 두 사람이 좌, 우로 총 400m를 달리는 것과 같기 때문에, 속도를 더하여 운동장 400m를 나누면, $\frac{400}{4+6}$=40이야. 이런 식으로 미루어 볼 때 40초마다 한 번씩 만나게 돼. 그런데 이걸 왜 물어?"

민우는 비록 초등 수학이지만, 이렇게 빠르게 해를 구한 것에 스스로 만족스러워하면서도, 지금은 수학 계산을 할 때가 아니라고 생각했다.

"전 책 읽는 걸 좋아해요. 특히 남자와 여자가 죽을 만큼 사랑한다는 로맨스 소설…."

혜수가 코를 만지작거리며 말했다.

"『홍루몽』 같은?" 유아가 물었다.

"아뇨, 그건 한 남자와 열두 명의 여자잖아요."

"그러면 『인어공주』 같은?"

"그게 죽을 만큼 사랑하는 내용이에요?"

"공주가 나오는 동화는 다 그래." 당연하다는 듯이 유아가 큰 소리로 말했다.

두 사람의 대화는 불치병 선고를 받은 것처럼 꽉 막혀 있는 것 같다. 유아는 혜수와 같은 과로, 그녀는 이번 학기에 미적분을 재수강 중인데 그녀와 혜수의 대화 수준을 참고하면 5분간의 '서로 알기' 활동이 그다지 걱정되지 않는다.

※

"시간이 다 됐으니 팀을 나누자."

유아가 모두에게 선포했다.

"음악이 나오면 남자는 시계 방향으로, 여자는 반시계 방향으로 걸어가세요. 음악이 멈췄을 때 마주 보는 사람과 짝이 되는 거예요. 그럼 이제 음악을 준비해 주세요!"

유아가 원 가운데 서서 말했다. 사람들을 등지고 서서 음악을 틀어 주던 연준은 고개를 끄덕였다.

"『영원의 제로』라는 소설을 읽은 적 있어?"

민우는 음악에 맞춰 걸어가다가 옆 친구에게 말을 걸었다.

"뭐어?" 친구는 왜 갑자기 이런 질문이 튀어나왔는지 이해를 못했다는 듯이 이맛살을 찌푸렸다. 순간 음악이 멈추자 민우는 혜수의 등 뒤에 서서 그녀를 맞이할 준비를 했다.

커플 매칭을 위한 고도의 작전

"처음에는 둘씩 짝을 지어 서로를 알게 하고, 3라운드 후에 마지막으로 짝이 된 사람과 오늘 하루의 짝이 되는 거지."

미팅 전날 연준과 민우는 앨리스 카페에서 작전 회의를 했다. 연준이 유아를 통해 알아본 바에 따르면, 커플 매칭 방식은 남녀가 하나의 원을 중심으로 도는데 서로 반대 방향으로 움직이다 무작위로 멈추는 것이었다.

"혜수와 내가 마지막에 짝이 될 방법이 없을까?"라는 질문에 연준은 이렇게 말했다.

"혜수가 너와 함께 400m 운동장을 달리는데 혜수는 시계 방향으로 6m/s, 넌 반시계 방향으로 4m/s로 달린다고 하자. 두 사람은 몇 초 후에 세 번째로 만나게 될까?"

"첫 번째 만남은 두 사람이 좌, 우로 총 400m를 달리는 것과 같기 때문에 속도를 더하여 운동장 400m를 나누면, $\frac{400}{4+6}=40$이야. 이런 식으로 미루어 볼 때 40초마다 한 번씩 만나게 돼. 그런데 이걸 왜 물어?"

민우는 비록 초등 수학이지만, 이렇게 빠르게 해를 구한 것에 스스로 만족스러워하면서도, 지금은 수학 계산을 할 때가 아니라고 생각했다.

"너 수학 진짜 못해."

"내가 잘못 계산했냐?"

"아니."

"그럼 왜 내가 수학을 못한다고 말하는 거지?"

"문제를 풀 줄 아는 건 계산을 잘하는 거지, 수학을 잘하는 건 아니야."

연준이 말을 반쯤 멈추고 민우를 쳐다보는 모습이 마치 선생님이 구술시험 학생에게 마지막 기회를 주는 것처럼 보였다. 몇 초 후 그가 말했다.

"됐어, 내가 알아서 음악을 틀어줄게. 나는 먼저 앞의 두 가지 결과를 가지고 남녀의 속도를 관찰할 것이고, 마지막으로 너와 혜수 사이에 몇 사람이 있는지 잊지 말고 나에게 말해줘. 내가 다시 시간을 조절하면, 너희 둘이 함께 서 있을 수 있게 될 거야."

민우는 연준이 방금 자신에게 수학을 못한다고 한 뜻을 그제야 깨달았다. 예전에 이런 반대 방향 달리기 문제를 접했을 때 세상과 가장 동떨어진 문제라고 생각했는데, 역시 '응용'이라는 두 글자는 아이러니한 단어다. 이 수학 응용문제가 자신과 혜수의 친목을 돕는 열쇠가 될 줄은 꿈에도 몰랐다.

두 사람은 혜수가 민우 앞에 있는 것을 0이라고 약속했다. 번지수와 같이 오른쪽이 홀수이고 왼쪽이 짝수이다.

천국과 지옥 사이

"잘 부탁드려요."

민우와 자연스럽게 짝이 되어 서자 혜수는 웃으며 그에게 허리를 굽혀 인사했다. 민우는 '우연이네요'라는 혜수의 말에 '그러게'라고 답했지만, 그는 자기도 모르게 '수학 덕분에'라는 말이 나오려는 걸 힘들게 참았다. '인연'과 '수학' 중에 선택하라면 다수가 전자를 선택할 것이다.

오늘은 민우의 인생에서 최고의 날이 펼쳐지는 것 같다. 사람들과의 거리를 평소에 1.2m로 유지하면 감정이 45cm 이내로 가까워지며, 12cm 이내를 소위 '친밀한 거리'라고 한다. 만약 마음이 아직 열리지 않은 두 사람의 거리가 너무 가까우면 그들은 거부감을 느끼며 다시 사이가 벌어질 수 있다. 지금 민우와 혜수의 사이는 거의 45cm 이다. 민우는 그녀에게 살짝 몸을 기울이며 자상하게 말을 건넸다.

"목마르지 않니? 나한테 물 있는데….".

"아, 아니, 아니요."

혜수는 민우가 가까이 다가온 것이 싫지 않은지 몇 초 후에 그녀도 살짝 민우 쪽으로 다가섰다. 민우는 지금, 이 순간이 너무 행복하다.

※

"오늘 모두 즐거웠나요? 설문지 제출하는 것 잊지 마세요!"

유아의 경쾌한 목소리가 호수의 잔잔한 물결과 함께 어우러졌다. 민우, 연준, 혜수, 유아는 남아서 뒷정리를 하기로 했다.

"너네 오늘 말도 잘 통하고 벌칙도 웃으면서 잘하던데." 유아가 웃으며 말하자, 혜수는 얼굴이 빨개지면서 변명했다.

"그냥 게임을 열심히 한 것뿐인데요! 아, 죄송해요, 그런 뜻이 아니에요." 뒤의 말은 민우에게 한 말인 것 같은데, 그는 손을 흔들며 아무렇지 않은 척했다.

"얘들아, 어디 가서 같이 설문지 좀 살펴볼까?" 유아가 손에 든 종이 뭉치를 흔들며 물었다. 게임 마지막에 여학생들에게만 설문지를 돌려 오늘 인상이 가장 좋았던 세 명의 파트너 이름을 적게 했고, 마지막으로 짝이 된 커플은 상대의 연락처를 얻을 수 있다.

민우는 분명 혜수와 자신은 서로를 선택했으리라 생각했다. 다만 문제는 서로에게 각각 두 개의 선택지가 더 있다는 것이다. 만약 동시에 그 상대도 우리를 선택한다면, 우리는 다른 사람과 짝을 이룰 수도 있다. 이런 불행한 상황이 발생하지 않도록 방법을 강구해야 한다. 민우가 연준에게 어떻게 해야 할지 물어보려 하자 연준은 어느 한 곳을 열심히 쳐다보고 있었다. 그의 시선을 따라가 보니 농구 유니폼을 입은 키가 큰 남학생이 환한 미소를 띠고 이쪽으로 오고 있었다.

"안녕, 여기서 뭐해? 혜수도 있었네." 혜수와 그는 손을 맞잡고 반갑다는 듯이 흔들어댔다. 갑자기 민우의 잠재된 늑대 본능이 전에 없던 고도의 경계 벨소리를 울렸지만, 그는 일부러 괜찮은 척했다.

"유아, 네 남자 친구?" 민우가 물었다.

"하하! 어떻게 유아의 남자 친구일 수 있겠어? 그렇게 말하면 정한이한테 맞을 수도 있으니 조심해야 돼." 연준이 대신 말하자, "내가 어떻게 이런 품위 없는 남자랑 사귈 수 있어!"라며 유아도 농을 던졌다.

"이 종이는 뭐야?" 농구남이 유아가 들고 있는 설문지를 가리키며 말했다. 유아가 상호 선택의 규칙을 설명하자 그는 고개를 갸웃거리며 말했다.

"이분그래프의 방법으로 짝을 지으면 답을 찾을 수 있을 것 같은데." 그러면서 농구남은 발로 땅바닥에 두 개의 원을 그렸다. 그는 민우를 가리키며 "네 옆에 있는 원은 남자고, 다른 원은 여자. 만약 네가 이 원이라면?"

"어?"

"이렇게 세 명의 여학생을 선택했으니 그중 한 명은 혜수. 이 동그라미라고 가정하자."

민우가 미처 반응할 겨를도 없이 그는 계속해서 말을 이었다.

"혜수도 남자 세 명을 뽑았을 텐데 누굴 뽑았어?"

"몰라요, 묻지 마세요." 혜수가 수줍게 말했다.

그는 밝게 웃으며 혜수의 원에서 두 개의 선을 끌어낸 후, 민우와 혜수가 연결되도록 다시 한번 그렸다.

"만약 둘이 서로 선택한다면…."

"당연히 선택할 수 있지." 민우가 작은 소리로 말했다.

"뭐라고?"

"아니야."

"만약 둘이 서로 선택한다면, 이 선은 '2점'이라는 비교적 높은 가중치를 갖게 돼. 모든 참석자의 설문지를 이런 식으로 정리할 수 있어. 그래프 이론에서 이것을 '이분그래프'라고 해. 점을 두 무리로 나누면, 각 무리는 다른 무리의 점들이랑만 연결되며, 자기 무리의 점들은 모두 관계가 없어."

농구남은 마치 또 다른 연준의 수학 수업처럼 유창하게 설명했다. 어쩐지 혜수가 그에게 수학 조언을 구하더라니…. 그들은 어떤 관계일까?

"짝짓기 문제를 그려서 푸는 방법은 여러 가지가 있어. 짝짓기란 두 개의 선이 있는 점을 한 조로 하여 모든 점을 그룹으로 묶는 것을 의미하고, 동시에 쌍방이 서로를 선택할 때 연결의 가중치가 더 높다는 것을 고려하면서 우선적으로 한 조로 나누어야 해. 그래서 먼저 이런 높은 가중치의 선을 보고 대응하는 점을 맞출 수 있어." 그는 발끝으로 큰 원을 그리며 나를 혜수의 점과 연결시켰다.

"만약 그들이 서로 선택한다면."

유아는 '만약'이라는 두 글자에 악센트를 넣었다. 농구남이 계속 말했다.

"그들이 한 조인데, 우리는 그들을 이 짝짓기 문제에서 제외시키고 다른 사람들을 살펴볼 수 있고, 계속 이런 식으로 진행한다면 문제를 풀 수 있어."

"선배 대단해요!" 혜수는 감탄하는 눈빛을 보였다.

민우는 반박하고 싶은 마음에 질문을 던졌다.

"이것도 수학인가?"

"아, 매우 논리적이고 명확한 수학 개념이지. 사람을 점으로 표시하고, 선으로 연결을 나타내. 서로 이은 선에 가산점도 있어. 하나의 현실 문제를 추상적인 기호로 표현하는 것은 수학에서 매우 중요한 모델링이야."

농구남이 고개를 돌려 연준에게 동조를 구하자 연준은 어안이 벙벙해 엄지손가락을 들어 그의 답에 호응했다.

민우가 땅 위의 그림을 보고 있자니 혜수를 표현한 점 옆에 마침 '농구남'이 가지고 있는 농구공이 놓여 있었다. 민우를 표현한 점보다 그 농구공이 혜수를 표현한 점에 더 가까이에 자리 잡고 있었다.

06

라이벌을 물리칠 기묘한 대결

"휴우…."

민우는 30분 동안 스물여섯 번째 한숨을 내쉬었다. 한숨을 쉴 때마다 그의 어깨가 안쪽으로 움츠러들면서 마치 요가 하는 사람처럼 작아져 통조림통에 담을 수 있을 정도다.

"졌다. 농구남은 키도 크고 잘생겼어. 나보다 멋져. 나보다 나은 사람을 만날 확률은 얼마나 될까?"

민우가 속상해서 내뱉는 소리라는 건 알고 있지만, 남자 평균 키 통계표만 있으면 그의 질문에 대한 답을 하는 것은 불가능한 것도 아니다.

미팅 다음 날, 연준은 민우와 학교 패스트푸드점에서 점심을 먹으며 어제 일에 대해 이야기를 나누었다.

"휴우…."

민우는 30분 동안 스물여섯 번째 한숨을 내쉬었다. 한숨을 쉴 때마다 그의 어깨가 안쪽으로 움츠러들면서 마치 요가 하는 사람처럼 작아져 통조림통에 담을 수 있을 정도다.

"졌다. 농구남은 키도 크고 잘생겼어. 나보다 멋져. 나보다 나은 사람을 만날 확률은 얼마나 될까?"

원망에서 나오는 소리라는 건 알고 있지만, 남자 평균 키 통계표만 있으면 그의 질문에 대한 답을 하는 것은 불가능한 것도 아니다.

"농구남은 개성도 있고 운동신경도 좋아 보여."

"넌 당구팀 아냐? 너도 운동신경이 나쁘지 않을 텐데."

민우는 연준이 자신을 비꼬는 게 아니라는 것을 확인한 후 다시 한숨을 쉬며 말했다.

"작년 당구 경기에서 너무 못하니까 팀장이 나한테 무슨 일이 있는 거냐고 물었어."

"흠, 그럼 넌 왜 아직도 당구팀에서 활동하는 거지?"

"다들 그렇지 않냐? 열정으로 가득 차서 동아리 활동을 하다가 시간이 흐르면서 흥미를 잃곤 하지. 아직은 열정이 다 꺼지지 않은 거지. 휴우…."

스물일곱 번째 한숨을 쉬며 민우는 테이블 위 종이를 뒤집어 뒷면 여백에 표 하나를 그렸다.

	농구남	민우
수학	승	
외모	승	
기타		승

"'기타'는 뭐야?"

"나도 몰라. 하지만 전부 다 지면 내가 너무 불쌍하잖아. 아마도 어떤 면에서는 내가 그를 이긴 적이 있겠지. 다만 아직 생각해 내지 못했을 뿐이야."

"한숨 쉬는 빈도로는 네가 이길 것 같다." 연준은 생각나는 대로 말해버렸다.

"그래도 2:1로 지네."

이 말은 마치 둔중한 쇠구슬처럼 민우의 머릿속을 내리쳤다. 연준이 고개를 숙이자, 스물여덟 번째 한숨이 들려왔다.

"다른 거라면 몰라도 농구남이 수학은 왜 이리 잘하는 거지?"

"수학을 그리 잘한 건 아니었는데, 고등학교 때 좋은 선생님을 만나서 점점 실력이 좋아졌어."

"뭐? 너 그 농구남 알고 있었어?" 민우는 놀랍다는 듯이 눈을 부릅 떴다.

"내가 너한테 말한 적 없나? 어릴 때부터 알고 지낸 농구남 은석에 대해서?"

"나한테 말한 적 없어."

"은석은 어릴 때부터 내 절친이었어."

잔인하리만치 정확한 승부표

"너 나한테 말 안 했잖아. 어제 만났을 때도 그 녀석과 인사도 안 하고 친구 사이처럼 보이지도 않았어!"

민우가 목소리를 키우자 옆 테이블의 여학생이 눈살을 찌푸리며 인상을 썼다.

"그건 은석이가 혜수와 너무 친하게 인사하는 게 의외라 인사하는 것을 잊었지." 민우는 그래도 의심스럽다는 듯 연준을 쳐다보았다.

사실 어제 은석의 등장은 유아가 초대한 것이었다. 어찌 됐든 누구 나 자신이 좋아하는 여자가 멋진 남자와 얘기를 하면 스트레스를 받 을 것이다.

혜수는 유아를 통해 은석을 알게 되었다. 은석은 사범대 선배로 가 끔 점심시간에 함께 밥을 먹기도 하면서 친해진 것이다.

"농구남은 여자친구 없어?"

"은석에게 여자친구가 있느냐 없느냐가 중요한 게 아니라 중요한 것은 혜수가 그를 어떻게 생각하냐는 것이지."

연준이 가까스로 민우의 추궁에서 벗어나며 던진 말에 민우가 고개를 끄덕였다.

"하긴, 혜수가 그렇게 상냥해도 은석에게 여자친구가 있다면, 아마도 곁에서 맴돌 수도 있겠군." 그의 곁에는 확실히 그런 여자들이 몇명 있어 보였다.

"그 친구한테 혜수를 포기하라고 부탁할 순 없어?"

"남자들끼리 당당히 겨뤄야지!"

연준은 상판을 두드리며 이 판을 더 재미있게 만들고 싶어졌다. 그러자 민우는 망연자실한 표정으로 연준을 바라보며 "너도 결과가 2:1이라고 했는데 내가 어떻게 이길 수 있겠어?"라며 스물아홉 번째 한숨을 내쉬었다.

"아닐 수도 있잖아. 이것 봐." 연준은 표를 1과 0으로 채웠다.

	농구남	민우
수학	1	0
외모	1	0
기타	0	1
총점	2	1

"지금 이대로는 2:1, 뒤처지는 게 맞아. 그런데 만약 좀 부족한 남자 두 명을 더 참여시키면…." 연준은 비교표를 쓰기 위해 펜을 들었다.

	농구남	민우	남자 A	남자 B
수학	4	3	2	1
외모	4	3	1	2
기타	1	4	3	2
총점	9	10	6	5

"오!"

민우는 오늘 처음으로 말끝이 올라갔다.

"내가 1점 더 땄다고? 어떻게 된 거야? 왜 그들의 등장이 나와 은석의 순위를 뒤집은 거야? 나 위로하려고 억지로 욱여넣은 거지?"

민우의 말대로 위로였지만 연준은 당연히 대꾸하지 않았다.

"두 사람을 비교할 때는 너와 은석의 승패가 모두 1점으로 계산돼. 그런데 사실 항목별로 1점의 배후에 있는 가치는 전혀 다를 수 있어. 예를 들어, 너와 은석의 수학은 사실 그리 차이가 나지 않을 거야." 민우는 미간을 찌푸리고 믿기지 않는 표정을 지었다.

"정말이야. 넌 열심히 노력하면 은석이를 이길 수 있어. 그는 이전에 수학이 형편없어서 조건부 확률이 뭔지도 몰랐다고."

"그래?"

연준은 위의 표를 다시 화제로 돌려 비교했다.

"남자 A와 남자 B를 추가한 후, 우리는 너와 은석이가 수학과 외모에서 매우 비슷할 수 있다는 것을 알게 되었어. 하지만 여전히 각각 1점 차이가 나지. 그런데 기타 사항을 고려한다면 은석은 두 남자보다 약해서 네가 이쪽에서 4점, 얘가 1점밖에 안 돼. 기존 1점 차이가 3점 차로 벌어졌어. 이렇게 비교해 보면 네가 이기는 거야." 그러면서 연준은 한마디를 덧붙였다.

"다만 이 '기타'는 너 스스로 생각해야 해."

민우가 저지른 실수는 사실 모든 사람이 비교할 때 간과하기 쉬운 부분이었다. 대다수는 계량화만 있으면 된다고 생각하지만, '어떻게 계량화하느냐'가 진짜 관건이다. 이처럼 단순히 이기고 지는 것을 1점으로만 표시하고 '얼마인지'를 따지지 않으면 최후의 판단 착오를 일으키기 쉽다.

문제는 '해밍 거리'이다

"네가 방금 말한 것도 수학과 관계가 있는 것 같아. 너희들이 수학을 활용하기 시작한 건 고등학교 때였지? 내가 은석에게 몇 년 뒤처졌으니, 빨리 분발해서 쫓아가야 하네."

"약간의 distance."

"거리?"

"네가 처음에 은석과 비교한 표를 그릴 때, 각 칸은 0 또는 1일뿐이었어. 이것은 'Hamming distance'라고 볼 수 있는데, '해밍 거리'라고 하지. '틀린 그림 찾기'에서 두 장의 그림이 어디가 다른지 찾아내는 게임이라고 생각하면 되는데, 8개의 다른 점이 있을 때 두 그림의 해밍 거리는 8이 돼. 한 송이의 꽃만 다르든, 집 전체가 다르든 간에 다르면 1이야."

"좀 전에 비교한 것과 비슷하네. 누가 이기면 1이고 지면 0."

"맞아, 너의 승부 계산은 두 사람이 각각 원점(0, 0, 0)으로부터 해밍 거리를 계산하는 거야. 은석은 2이고 넌 1. 그래서 은석이가 이긴 거야."

민우가 고개를 끄덕이자 연준은 음료수를 한 모금 마시고 말을 이었다.

"나중에 우리가 더 많은 사람을 비교에 넣었는데, 각 항목도 더 이상 0과 1이 아니라 여러 가지 정수가 있을 것이고, 원한다면 소수로도 표시할 수 있어. 이때의 거리가 유클리드 거리^{Euclidean distance}야."

"유클리드?"

"유클리드 거리는 그리스의 수학자 유클리드 이름을 따서 명명되었어."

연준은 처음에 이 명사를 배울 때 단지 발음을 완벽하게 익히기 위해서 몇 번이고 반복해서 읽었다.

"유클리드 거리는 우리가 가장 자주 접하는 거리지. 평면 위에 두 개의 점 $(1, 3)$과 $(4, 7)$ 사이의 거리는 얼마일까?"

"x축에서 1과 4의 거리는 3, y축에서 3과 7의 거리는 4니까 두 값의 제곱을 더하면, $9+16$이고 제곱근은 5가 돼."

"맞아, 이 '거리 5'가 바로 유클리드 거리를 의미해."

"이걸 보면 유클리드 거리가 훨씬 정확해 보이는데, 왜 사람들은 단지 0과 1의 해밍 거리를 쓰는 걸까?" 민우는 자연스럽지 않다는 생각에 따져 물었다.

연준이 그를 뚫어져라 쳐다보니 몇 초 후에야 그는 자기 스스로 '0과 1의 해밍 거리를 쓸 정도로 바보 같은 사람'이라는 것을 깨달았다.

"그렇지, 많은 사람에겐 계산의 정확도보다 편하다는 것이 더 중요해. 해밍 거리는 비록 정확하지는 않지만, 계산에서 단지 0과 1만 더하면 되니 얼마나 수월해? 그리고 많은 경우, 방금 우리가 말한 '틀린 그림 찾기'와 같은 게임의 포인트는 어디가 잘못됐는지 발견하기만 하면 되고, 어떻게 잘못됐는지는 중요하지 않아. 이땐 해밍 거리만으로도 매우 충분하지."

"이진수 숫자도 그렇지?" 연준은 고개를 끄덕였다.

"맞아, 컴퓨터가 사용하는 이진법 시스템에서는 각각의 수 자체가

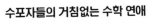

0과 1의 문자열로 구성되어 있는데 0 또는 1을 비트라고 해. 두 개의 비트열을 비교할 때, 우리는 그들의 해밍 거리를 계산하기만 하면 그것들이 얼마나 차이가 나는지 매우 정확하게 알 수 있어. 한 비트열에서 다른 비트열의 값을 산출할 수도 있는데, 해밍 거리가 1과 같은 비트를 뒤집기만 하면 되지."

연준은 설명하면서 조금 의외라고 느꼈다. 민우가 이렇게 빨리 이 사례를 생각할 줄은 몰랐기 때문이다. 어쩌면 그의 수학 감각은 스스로 판단한 것보다 더 좋을지 모른다. 만약 자신이 수학에 소질이 없다고 느끼면, 스스로 최면에 걸려 정말로 수학을 못한다는 설이 있다. 보아하니, 민우는 점점 이 최면을 뚫고 나가는 것 같다.

07

따뜻하고도 달콤한 자유 낙하

"너희들, 먼저 동작 하나하나를 '계산'했니? 내 말은, 수학적인 계산 말이야."

"오호?"

유아는 호기심 가득한 얼굴로 민우를 바라보았다.

"치어리더는 음악에 맞춰야 하고, 동작마다 정확하게 시간을 계산해야 해. 예를 들어, 이 동작을 하려면 계산이 필요해. 48kg의 여학생이 네 명의 남학생에게 던져졌다고 가정해 봐. 던지기만 하면 되는 것이 아니라, 그녀가 공중에서 얼마나 머무를 수 있는지 미리 계산해 봐야 한다고."

"그리고? 자유 낙하? 진짜 치어리더들은 그런 건 몰라."

가을밤은 선선했다. 길 위의 엔진과 경적은 여름보다 훨씬 듣기 편한데 유독 노면이 울퉁불퉁하다. '탱!' 자전거가 너무 심하게 흔들리지 않도록 민우는 손잡이를 꽉 쥐고 바구니 안의 밀크티를 보호했다. 30분 동안 줄을 서서 겨우 산 밀크티는 연습에 열중인 치어리더들을 위한 선물이었다.

※

며칠 전 민우는 혜수와 채팅을 하면서 도서관에 함께 가자고 말했다.

"죄송해요. 그날 일이 좀 있어요."

'거절당한 건가?' 민우의 머릿속에 가장 먼저 떠오른 것은 은석의 얼굴이었다. 혜수는 그런 민우의 마음을 알아차린 듯 "다음 달 학교 치어리딩 경기 때문에 남아서 연습해야 해요."라며 변명했다. 그리고 바로 "저녁엔 괜찮아요. 선배, 학교 도서관에 데려가 줄래요?"라고 기분 좋은 답을 주었다.

'데려가!' 그녀는 '데려가'라는 동사를 사용했다. 단어가 정말 미묘해서 '데려가다'로 조금만 바뀌어도 애교 섞인 느낌을 준다. 그에 비해 수학의 변화는 극적이다. 간단한 식 2+5는 덧셈 기호 '+'를 45°만 회전하면 곱셈 기호인 '×'가 되어 전혀 다른 답이 나온다.

※

"혜수의 기습적인 애교에 조금 놀랐어. 그런 면이 있을 줄은 몰랐어!"

민우는 연준에게 자랑스럽게 호들갑을 떨며 문자를 보냈다.

"여자들은 좋아하는 사람 앞에서는 평소와 다르지. 너도 마찬가지야. 평소엔 매우 분별력이 없지."

연준은 민우의 문자에 한마디를 더 덧붙였다.

"너는 혜수 앞에서도 분별력이 없어."

치어리더들의 수학적 동작을 계산하라

혜수와 채팅 이후 민우는 갑자기 발동이 걸린 사람처럼 오늘 당장 혜수를 찾아가기로 결심했다. 하지만 갑작스런 방문에는 반드시 지켜야 할 두 가지 규칙이 있다.

첫 번째는 '타이밍'이다. 근처에서 일을 보고 음료수를 한 잔 더 산다. 이때 상대방이 일부러 계획했다고 생각하지 않게 해야 한다. 두 번째는 '짧은 시간'이다. 오래 머물지 말고 몇 마디만 하고 바로 떠나야 한다. 상대방의 일정에 영향을 주지 않는 것이다. 그래서 민우의 작전은 '공부를 마치고 밀크티를 사러 갔다가 네가 연습하느라 목이 마를 것 같아서 겸사겸사 몇 잔 더 사서 왔다'라는 말을 건네는 것이다.

민우는 밀크티 석 잔을 샀다. 한 잔은 혜수, 한 잔은 반드시 나타날 유아의 것, 남은 한 잔은 여분이다. 그리고 자연스럽게 이야기를 나눌 치어리더 관련 수학 문제는 없을까 생각도 해보았다. 그러자 수학자들이 '어떻게 하면 삶 곳곳에 수학이 있다는 것을 깨닫게 할 수 있을까'를 고민했다는 연준의 말이 떠올랐다.

"우리가 원산지 재료를 표시하듯 수학과 관련된 모든 것에 빨간 라벨을 붙인다고 생각해 보자. 처음에는 모두 이 아이디어가 괜찮다고 생각하겠지만, 잠시 생각한 후에는 역시 실행할 수 없을 거야."

"왜?" 민우가 물었다.

"모든 사물에 빨간 라벨을 붙여야 하니까. 곳곳이 다 수학과 관련이 있으니 사람들은 오히려 빨간 라벨을 무시하게 되거든."

민우는 혜수의 치어리더 유니폼에 빨간 라벨이 붙어 있는 그림을 상상하니 너무 귀여웠다.

"정말 고맙고 미안해요. 이렇게 일부러 와줘서요."

혜수가 반갑게 맞아주었다. 옆에 있던 유아가 "난 밀크티를 제일 좋아해. 설탕 반, 얼음은 적게 맞지?"라고 말하자 민우는 고개를 끄덕였다.

"좋아. 완전 세심해. 가산점을 주고 싶어!"

'누가 너의 점수가 필요하다고 했니?' 민우는 이 말을 하고 싶은 걸 꾹 참고, 웃으며 유아에게 고맙다고 말했다.

저녁 무렵 학교 운동장에는 많은 사람이 나와 운동을 하고 있었다. 혜수와 유아는 마침 쉬는 시간이라 셋은 트랙 옆의 관중석에 앉아 이야기를 나누었다. 조깅하는 사람들이 때때로 그들 앞을 지나갔다.

"연습은 잘 돼?" 민우의 말에 혜수는 밀크티를 마시며 고개를 끄덕였다. 수건을 두른 그녀의 목에 머리카락 몇 올이 땀으로 달라붙어 있다.

"그런데 아직 어려운 동작들이 있어요."

"넌 동작이 너무 느려." 유아가 혜수를 타박했다.

"그런데 선배…."

"아이참, 선배라고 부르지 말라니까!"

유아는 혜수의 선배 호칭이 늘 거북했다. 두 사람의 대화를 듣다가 민우는 마음속으로 한 번 읊조린 후 준비한 화제를 꺼냈다.

"너희들, 동작을 하나하나 '계산'해 봤어? 내 말은, 수학적인 계산 말이야."

"엥?"

유아는 얼굴 가득히 의외라는 듯한 표정을 지었다. 민우는 유아의 반응에 바로 설명을 덧붙였다.

"치어리더는 음악에 맞추어 동작마다 정확한 시간을 계산해야 해. 예를 들어, 48kg의 여학생이 네 명의 남학생에게 던져졌다고 가정해 봐. 던지기만 하면 되는 것이 아니라, 그녀가 공중에서 얼마나 머무를 수 있는지 미리 계산해 봐야 한다고."

"너 혹시 자유 낙하를 말하는 거야? 치어리더들은 그런 거 잘 모를걸?"

유아의 대꾸에 민우는 좀 난처한 기분이 들었다. 이렇게 개성이 강한 여학생이 연준과 고등학교 동창으로 같은 수학 선생님의 지도를 받은 적이 있으니 수학도 틀림없이 잘할 것이라는 걸 잊고 있었다. 다행히 혜수가 잘 알아듣지 못해서 민우는 못 들은 척 계속 이야기했다.

"공중에 2초 머무르려면 위로 1초, 아래로 1초. 최고점에서 순간 속도는 0, 중력가속도 g=9.8m/s²이며, 이전 물리학 수업에서 배운 것을 응용하면 1초 동안 이동하는 거리는,

$$\frac{1}{2}gt^2 = \frac{1}{2} \times 9.8 \times 1 = 4.9$$

대략 5m가 되네."

"5m는 너무 높지 않을까요?" 혜수가 고개를 갸우뚱하며 말했다.

큰일 났다. 5m는 대략 2층 정도의 높이이다. 민우는 얼른 말을 바꾸었다.

"맞아, 그래서 1초만 머무르면 비슷해. 이렇게 던지면 높이가 대략… 1.2m이니 이렇게 하면 덜 위험해. 그러면 계산이 ….”

민우는 핸드폰 계산기를 꺼냈다. 5m에서 1.2m로 바꾼 결과로 원래 외웠던 데이터를 모두 다시 계산해야 한다.

"던져진 사람은 위로 올라갈 때와 아래로 떨어질 때의 속도와 가속도가 서로 같고, 위, 아래는 방향이 반대여서 올라가는 초속은 떨어지는 속도와 같아. 떨어지는 속도는 0.5초에 가속도 9.8m/s²를 곱한 값으로 4.9m/s가 돼. 이 값은 올라가는 속도이기도 해. 만약 그녀를 위로 던지는 두 사람이 0.25초를 써버렸다면, 그녀는 정지상태에서 4.9m/s의 속도로 변하는데 $\frac{4.9}{0.25}=19.6$m/s²의 가속도(a)를 쓴 셈이지. 그녀의 체중(m)은 48kg이니까,

$$2F = ma = 48 \times 19.6 = 940.8$$

의 힘이 필요해. 이것은 두 사람의 힘을 합친 값이고 한 사람당 평균 힘은 470.4N(뉴턴)이야.”

민우가 유아를 힐끗 봤지만, 그녀가 아무런 반응이 없자 민우는 이어서 말했다.

"뉴턴은 상상하기 어려워. 우리는 kg으로 환산할 수 있는데 1kg은 9.8N이거든. 그래서 모든 사람의 힘은 정확히 48kg이야. 즉, 두 사

람이 한 사람을 던져서 1초 동안 공중에 머무르게 하기 위해 필요한 힘이 딱 던져진 사람의 체중과 같다는 거야. 1초 더 머물러 2초가 되려면….."

"2층 높이에서 던져."

유아가 불쑥 내뱉은 말에 혜수가 웃음을 터뜨렸고, 민우는 억지로 이야기를 끝냈다.

"머무르는 시간을 두 배로 늘리려면, 초속도 두 배, 체중의 두 배를 던지는 것과 같은 두 배의 힘이 필요해."

그때였다. "무슨 얘기 중인 거야?" 누군가 '툭' 하고 민우의 어깨를 쳤다.

아니 그는 왜 지금 여기에 나타난 거지?

기분 나쁘게 예리한 라이벌의 수학적 통찰력

"은석 선배가 댄스동아리라서 유아 선배가 우리 연습을 좀 봐달라고 부탁했어요."

"아, 은석아! 이거 마셔. 널 위해 준비해 둔 거야."

유아가 민우가 준비한 밀크티 한 잔을 은석에게 건네주자 은석은 밀크티 한 모금을 마신 뒤 감동적인 눈빛으로 말했다.

"음~. '설탕 절반에 얼음 적게' 자상하네. 너, 연준이하고 친하지?

지난번에 인사를 제대로 못했는데, 난 은석이라고 해."

"난 민우."

'라이벌에게 밀크티를 사주고, '설탕 절반에 얼음 적게'로 '자상하다'는 칭찬을 받다니! 내 인생이 왜 이렇게 꼬이는 걸까.' 민우는 마음이 불편해졌다. 혜수는 은석에게 방금 나눈 대화를 설명했다. 은석은 고개를 끄덕이며 민우의 어깨를 툭툭 치며 말했다.

"너 수학 잘한다? 성찬 쌤이 널 만나면 아주 좋아하실 거야."

그는 라이벌이긴 하지만 진심으로 미워하기는 어려울 정도로 밝고 명랑한 느낌을 준다. 은석은 핸드폰을 꺼내 공식을 쓸 수 있는 앱을 켜 뭔가를 썼다.

"두 사람이 함께 위로 던질 때 걸리는 시간이 0.25초, 공중에서 머무르는 시간을 t, 가속도를 a, 중력가속도를 g라고 했을 때 한 사람이 던지는 힘

$$F = \frac{1}{2}ma = \frac{1}{2}m \times \frac{v}{0.25} = \frac{mv}{0.5}$$

을 얻을 수 있어."

"또한 떨어질 때 속도는 던질 때의 속도와 방향이 반대야. 가장 높은 지점에서 정지해서 시간이 $\frac{t}{2}$ 경과함에 따라 중력가속도 g에 의해서 속도 v는

$$V = \frac{gt}{2}$$

이고 위의 계산식에 대입하면,

$$F = mgt$$

를 얻을 수 있지. 식에서 알 수 있듯이 세 가지 규칙이 있어.

첫째, 던지는 사람이 일정한 힘을 가하고 공중에 머무는 시간은 던져지는 사람의 몸무게에 반비례하지. 40kg인 사람에 비해 50kg인 사람은 0.8배밖에 머무르지 못해. 둘째, 던지는 사람이 쓰는 힘은 던져지는 사람의 몸무게에 체류 시간을 곱한 거야. 1초에 머무는 힘은 체중이고, 2초에 머물러 있으면 체중의 두 배. 이렇게 유추해 볼 수 있어. 셋째, 힘이 부족하면 던지는 사람의 수를 늘릴 수 있는데, 가령 k명이면 한 사람이 $\frac{mgt}{k}$ 씩의 힘을 쓰면 돼."

"우와, 은석 선배 대단해요!" 혜수는 숭배하는 눈빛을 보였다.

민우는 이 변수들을 처음 유도할 때 본 적이 있지만, 변수로 설명하는 것이 매우 명확하지 않다고 생각해 직접 몇 가지 예를 들어 설명했던 것이다. 하지만 은석은 변수를 사용하면서도 민우 자신보다 더 명확하게 말할 뿐만 아니라 자신이 깨닫지 못한 변수 간의 관계를 알아채고 원리를 모르는 사람도 참조할 수 있는 세 가지 규칙을 제시해 날렵하게 체중과 아래에서 던지는 인원수, 공중 체류 시간을 환산했다.

"그런데 이걸 계산해서 뭐 하려고? 이렇게 공중에 던지는 동작도 없잖아."

'뭐? 던지는 역할이 없다고?' 민우는 땅바닥에 던져진 금붕어처럼 입을 벌리고 한마디도 말하지 못했다.

"남의 밀크티 얻어 마시면서 참 자상도 하셔라. 은석이 대신 내가 사과할게."

뜻밖에도 유아가 민우를 도와 포위를 풀었다. 민우가 유아를 쳐다보았지만, 그녀는 민우의 눈빛을 무시했다. 보아하니 그를 도와 포위를 푼 것이 아니라, 순전히 아무에게나 불평하는 것을 좋아할 뿐인 것 같다.

"자, 연습하러 가요. 은석 선배, 방금 그 대형을 다시 정확히 말해 줄래요?"라며 혜수는 유아와 함께 일어났다. 민우도 돌아갈 준비를 했다.

"너희는 어떤 대형을 이루고 있어?" 떠나기 전에 민우가 혜수에게 물었다.

"저도 잘 모르겠는데 은석 선배가 피보나치 수열로 디자인한 나선형이라고 했어요." 혜수는 웃으며 경기 당일에 보여주겠다고 했다.

민우가 자전거를 타고 막 교문 앞을 나섰을 때, 핸드폰에 혜수의 문자 메시지가 떴다.

"밀크티도 맛있었고 자유 낙하하는 수학도 재미있었어요. 무엇보
다 직접 와줘서 좋았어요. 내일 도서관에서 만나요."

분명히 길이가 짧은 메시지 한 통이었지만 민우는 한 시간 통화한
것보다 더 따뜻한 느낌을 받았다!

08

어느 천재 수학자의 기하 평균 이야기

"영화 속 주인공은 '수학은 한 폭의 그림과 같다. 단지 네가 볼 수 없는 색깔로 표현할 뿐이다.'라고 하면서 공식, 정리, 그래프로 세계를 표현해. 사실 영화 배우도 수학 공식을 쓰는 장면에서 모두 수학 공식을 한 폭의 그림으로 여기고 칠판에 다시 그린다고 했지."

다만 이 두 경우 모두 수학 공식을 그림에 비유한 것으로 본질적인 차이만 있을 뿐이다.

"영화는 정말 훌륭했어. 많은 사람은 성공한 사람들의 전기를 보고 성공 법칙이나 인생의 이치를 배우고 싶어 해. 영화를 보고 나서 수학자 전기를 보는 게 좋다는 생각이 들었고, 그 속에는 재미있는 것들이 많았어."

지하철 안은 출근하는 인파로 매우 붐볐다. 승객들은 옆 사람들과 꽉 끼어 그저 번데기처럼 몸을 움츠리고 손잡이에 몸을 걸어둘 수밖에 없었다.

  연준은 객차 안쪽으로 밀고 들어갔다. 그때 지훈이 앉아서 그에게 손짓을 하자 지훈의 옆자리에 앉아 있던 중년 남자는 내릴 곳에 도착했는지 일어나 자리를 양보해 주었다.

  "어디서부터 듣고 싶어?" 지훈이 물었다.

  "어제 두 사람은 몇 시에 헤어졌어?"

  "10시쯤에 남자가 여자를 기숙사 문 앞까지 데려다줬어. 정말 세심하더라고. 여자가 들어가서 보이지 않을 때까지 문 앞에 서 있더라. 그런데 그 남자가 너의 라이벌? 아니면 네 여자친구가 양다리를 걸치는 거야? 난 남의 여자친구를 뺏는 남자는 질색인데." 지훈은 갑자기 얼굴을 들이밀면서 말했다.

  "아니야. 민우는 내 절친이야. 걔가 요즘 혜수라는 여자애를 쫓아다니고 있어. 난 단지 그들의 데이트 상황이 궁금할 뿐이야."

  지훈은 믿지 못하겠다는 얼굴이었지만 연준은 고개를 저으며 말을 이었다.

  "그녀가 수학을 좋아하거든. 민우는 나한테 열심히 수학을 배워서 그 깨알 같은 수학 지식으로 혜수한테 매력을 발산 중이야."

  만약 지훈의 얼굴에 자막이 흐른다면 몇 초 전에 '거짓말'이었다가 지금은 '진짜?'로 바뀐 것 같다. 그는 무언가 생각이 난 듯 오른손으로 주먹을 쥐고 왼손 손바닥을 툭툭 쳤다.

"어쩐지 두 사람은 가끔 비율이니, 기하 평균이니 이런 수학 용어를 말해서 나는 대학생인데 아직도 과외를 하나 생각했지. 그런데 네 친구가 데이트하는 게 너랑 무슨 상관이길래 일부러 날 보러 온 거야?"

연준은 머리를 긁적였다. 이번에는 좀 쑥스러워했다.

"내가 수학을 가르쳐줬는데 민우가 그녀 앞에서 수학을 어떻게 활용하는지 궁금했어. 네 생각에 그 녀석 수학 활용이 여자의 환심을 산 것 같아?"

지훈은 몇 초 동안 구술시험위원처럼 고심하다 말했다.

"합격선 언저리야."

수학자의 인생이 가르쳐 준 수학 이야기

"오늘 수학자 영화는 정말 재미있었어요."

민우는 혜수와 함께 인도 수학자 라마누잔의 전기를 원작으로 한 영화 〈무한대를 본 남자〉를 보러 갔다. 라마누잔은 전설적인 수학자이다. 가난한 인도 가정 출신으로 12세 때 독립적으로 아래와 같은 오일러의 공식을 도출해냈다.

$$1 + e^{j\pi} = 0$$

15세 때『순수 및 응용수학의 기초 결과 개요 A Synopsis of Elementary Results in Pure and Applied Mathematics』라는 책 한 권을 손에 넣은 라마누잔은 책에 있는 6,000여 개의 증명되지 않은 공식을 이해했을 뿐만 아니라, 더욱 확장하여 자신의 공식을 발전시킬 수 있었다.

지훈은 연준에게 그들과 함께 영화를 본 그날의 느낌을 보고하는 중이다.

"라마누잔은 케임브리지대학에서 겨우 4년 만에 연구원과 왕립대학의 회원이 되었는데, 연준이 너 같은 천재야." 지훈이 말했다.

"그 정도는 돼야 천재지. 난 그저 보통 사람보다 조금 더 잘할 뿐이야."

"이렇게 겸손한 모습은 처음인데, 어디 아픈 건 아니지?" 지훈이 억지로 연준의 이마를 만지려고 하자 연준은 웃으며 비켜섰다. 비록 연준은 스스로에 대해 자신이 있는 편이지만 라마누잔이야말로 수학 역사상 보기 드문 천재이다.

"라마누잔은 직감으로 다양한 수학 개념을 이해했어. 영화에 나온 구절 '수학은 한 폭의 그림과 같다. 단지 네가 볼 수 없는 색깔로 표현할 뿐이다.'라는 말에 난 동의해. 공식이나 정리는 사실 정말 그림과 같지. 사실 영화 속 주인공도 수학 공식을 쓰는 장면에서 모두 수학 공식을 한 폭의 그림으로 여기고 칠판에 다시 그린다고 했어."

다만 이 두 가지는 모두 수학 공식을 그림에 비유한 것으로 본질적인 차이가 있을 뿐이다.

지훈이 고개를 끄덕였다.

"영화는 정말 훌륭했어. 많은 사람은 성공한 사람들의 전기를 보고 성공 법칙이나 인생의 이치를 배우고 싶어 해. 영화를 보고 나서 수학자 전기를 보는 게 좋다는 생각이 들었고, 거기에는 재미있는 것들이 많았어."

영화감상 후, 민우와 혜수는 일본식 꼬치집으로 자리를 옮겼다.

"둘은 바에 앉았고, 나는 일부러 그들 옆에 앉았어. 그런데 그 녀석은 왜 바 구역을 선호하는 거야?"

"민우는 데이트할 때 얼굴을 마주 보는 것보다 두 사람이 같은 쪽에 앉는 것이 더 친밀한 느낌을 낼 수 있고, 말을 하지 않아도 어색하지 않다고 하더라고."

경험에 따르면 같은 편에 앉아 수학을 계산하는 것도 편리하다. 만약 계산식을 쓰는 사람이 오른쪽에 앉아 손이 가려지지 않는다면 더욱 완벽할 것이다. 이건 가정교사가 학생들과 수업하는 방식일 뿐이지만.

"그런데 그 녀석이 영화를 보고 나서 영화 스크린 얘기가 나오자마자 뜬금없이 '왜 컴퓨터, 휴대폰 액정 화면 비율이 모두 16:9인 줄 알아?'라고 말했어. 이게 영화와 도대체 무슨 상관이야? 심지어 영화 스크린은 16:9가 아니라고!"

연준은 어리둥절했다. 얼마 전 민우가 이 문제를 물었을 때, 연준은 그가 언젠가 혜수와 함께 컴퓨터로 보고서를 쓰거나, 아니면 핸드폰을 가지고 놀 때 적용할 생각인 줄 알았다.

"그때 그녀의 얼굴 표정은 명백히 '황당' 그 자체였어."

"혜수는 수학을 좋아하는데?" 연준이 겸연쩍게 말하자, 지훈은 손가락을 흔들었다.

"혜수가 정말 당황해하면서 모른다고 하자 그 녀석은 왜 스크린이 16:9인지 거침없이 설명을 시작했어. TV 스크린의 크기인 '인치^{inch}'는 대각선의 길이를 가리키며, 이전에 흔히 볼 수 있었던 4:3 스크린이 만약 21인치라면 면적은 212in^2(제곱인치)라고 했어. 지금의 16:9라면 21인치 스크린은 188in^{2}밖에 되지 않지. 환산하면 11%가 부족한 면적인데 원가를 절약하기 위해 스크린을 4:3에서 16:9로 바꿨다고 설명을 하더군."

연준은 이런 말을 한 적이 없다. 민우 스스로 자료를 찾아본 모양인데, 한편으로는 다행이라고 생각했다.

"민우가 다른 설명은 더 하지 않았고?"

"또 예전에는 4:3 또는 2.39:1과 같이 다양한 스크린 규격이 있었대. 내가 아주 어렸을 때, 위아래로 검은 구역이 나타나고 가운데 작은 한 부분에만 영화가 나타나는 그런 종류의 스크린이 생각났어. 난 오히려 스크린이 고장 난 줄 알았지."

"맞아, 그게 바로 2.39:1의 넓은 비율이야. 16:9의 스크린은 같은 스크린에 4:3과 2.39:1(혹은 2.35:1)이라는 두 가지 다른 비율의 영화를 가장 효율적으로 표시할 수 있도록 하기 위한 것이지."

"가장 효율적이라고?"

지훈이 질문을 퍼붓는 것은 어제 민우의 설명이 충분히 명확하지 않았다는 것을 보여준다.

"수학적으로 말하면, 4:3과 2.35:1의 두 개의 직사각형을 포함할 수 있는 최소 직사각형의 비율이야. 예를 들어 8cm×6cm는 4:3 화면, 10.6cm×4.5cm는 2.35:1 화면이야. 둘 다 약 48cm²의 면적을 가져. 이 두 직사각형을 다 포함하려면, 가로 10.6cm, 세로 6cm의 직사각형이어야 해. 10.6:6의 비율은 1.77로 $\frac{16}{9}$과 매우 가깝지."

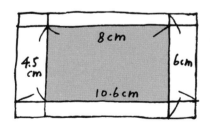

연준은 핸드폰을 꺼내 그림을 그렸다. 지훈이 고개를 끄덕이다가

다시 고개를 가로저으며 말했다.

"네 설명은 이렇게 명확한데 어제 그 녀석은 단숨에 한 무더기의 값을 쏟아냈어. 그래서 그가 무슨 말을 하는지 도무지 알아들을 수가 없더라고."

민우는 분명 직접 값을 계산하면서 설명했을 것이다. 4:3의 직사각형에서 세로를 x라고 하면 가로를 $1.33x$(4:3은 대략 1.33:1), 2.35:1의 직사각형에서 세로를 y라고 하면 가로는 $2.35y$라고 가정하고, 그러면 면적이 서로 같으니

$$1.33x^2 = 2.35y^2$$

이것을 간단히 하면 다음과 같은 식을 얻는다.

$$\frac{x}{y} = \sqrt{\frac{2.35}{1.33}}$$

"민우가 이 식을 썼지?"

"약간 비슷한 것 같은데 기억이 안 나. 그때 난 꼬치 맛도 떨어졌어."

연준은 머리를 저으며 식을 완성했다.

"4:3의 직사각형과 2.35:1의 직사각형을 모두 포함하는 가장 작은 직사각형은 가로, 세로의 비율이 $\dfrac{2.35y}{x}$이니까 필연적으로 가로가

2.35y, 세로가 x이지. x를 y로 나타내면 $x = \sqrt{\dfrac{2.35}{1.33}}\,y$, 다시 $\dfrac{2.35y}{x}$ 에 대입하면,

$$\frac{2.35y}{x} = 2.35 \times \sqrt{\frac{1.33}{2.35}} = \sqrt{1.33 \times 2.35} \fallingdotseq 1.77$$

으로 가로와 세로의 비율은 1.77, 즉 16:9를 얻을 수 있어.”

“이 $\sqrt{a \times b}$ 는 기하 평균, 맞지?”

“맞아, 민우가 이 식도 말했어?”

“응, 마치 자신이 발명한 것처럼 우쭐해하며 줄곧 ‘예전에 반드시 시험에 나왔던 부등식 산술 평균이 기하 평균보다 크다는 것을 기억하냐’고 했어. 바로 이거구나. 기하 평균은 전혀 쓸모가 없다고 생각했는데, 원래 16:9 화면 비율은 그것에 의해 결정되는 거였어. 난 이런 것에는 별 관심이 없고 단지 내가 아는 것은 꼬치를 먹든 무엇을 먹든 기하 평균이 가장 형편없는 조미료라는 거야.”

“이건 기하 평균의 잘못이 아니라, 민우가 너무 형편없이 말한 것이 잘못이야. 그리고 또 민우가 무슨 말을 했어?”

“음, 16:9 스크린으로 보면 4:3이나 2.35:1이나 낭비되는 부분이 똑같다고 했어.”

“25% 정도.”

“맞아. 제발 계산 과정을 알려주지 마. 그 녀석이 수학으로 혜수를

쫓아다닌다고 했잖아. 혜수는 사랑스러워서 많은 남자들이 쫓아다닐 것 같은데, 그에게 정말 기회가 있을까?"

지훈이 의심스러운 눈빛으로 연준을 쳐다본 순간, 지하철은 종착역에 도착했다.

09

쇼핑에서 만난 삼각함수와 최적화

"한 가지 이치를 잘 이해해야 깊이 있게 설명할 수 있어. 너는 수학 지식에 대한 이해가 바깥에 머물러 있기 때문에 자신의 언어가 아닌 '남의 말'로만 해석하는 거야."
연준은 교과서의 연습문제 페이지를 넘기며 '수업 시간에 이해한다'는 것과 '연습문제를 잘 푼다'는 것은 별개라고 말했다.
"그리고 다른 사람이 이해할 수 있도록 설명하는 것은 또 다른 일이야. 쉬운 예를 들어 분명하게 설명하면 좋겠어. 그렇지 않으면 혜수에게 네가 수학을 못한다는 것을 들키게 될 거야."

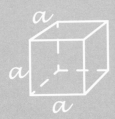

만약 드론으로 한국의 상권을 하늘에서 내려다보면 백화점으로 구성된 그랜드캐니언 같을 것이다. 사람들이 협곡 밑바닥을 밟고 쇼윈도를 감상하며 주말 오후의 여유로운 시간을 보내고 있다. 12월의 가로수 중 일부는 이미 홍등 장식을 달았다.

민우는 멀리서 걸어오는 혜수를 보았다. 그녀는 청바지에 핑크 스웨터를 입고 짙은 붉은색 뿔 모양의 단추가 있는 외투를 걸쳤다.

며칠 전 기말 발표 때 정장을 입어야 한다는 얘기에 "하루 시간을 내서 정장을 사러 가야 하는데, 나는 이 방면에 소질이 없어."라는 민우의 푸념에 혜수는 대뜸 "저와 같이 가요. 물건을 고르는 안목은 좀 있다는 소릴 듣거든요."라며 기분 좋게 백화점 동행을 자청했던 것이다.

※

"혜수의 안목이 좋다면, 넌 걱정해야 돼."

연준의 말에 동감한다는 듯 민우는 크게 한숨을 쉬었다. 한숨은 마치 3급 돌풍 강도로 느껴졌다.

"은석이가 어려운 수학을 명쾌하게 설명하는 것을 보고 네가 그 친구를 흉내 내려고 하는 것 같은데… 안 돼. 아직 수학 해석 능력 차이가 너무 나."라며 연준은 양손을 하나는 높게 하나는 낮게 들어 보였다.

치어리더 팀 연습 시간에 은석은 민우가 설명하지 못하는 공식을 변수로 설명했었다. 혜수와 영화를 보고 일식집에서 스크린 비율이 기하 평균에서 나온다는 것을 증명했는데 이는 은석에게 지고 싶지 않아서 일부러 그렇게 장황하게 설명했던 것이다.

"한 가지 이치를 잘 이해해야 깊이 있게 설명할 수 있어. 너는 수학 지식에 대한 이해가 바깥에 머물러 있기 때문에 자신의 언어가 아닌 '남의 말'로만 해석하는 거야."

연준은 교과서의 연습문제 페이지를 넘기며 '수업 시간에 이해한다'는 것과 '연습문제를 잘 푼다'는 것은 별개라고 말했다.

"그리고 다른 사람이 이해할 수 있도록 설명하는 것은 또 다른 일이야. 쉬운 예로 분명하게 설명하면 좋겠어. 한걸음에 꼭대기까지 올라가려고 하지 말고. 그렇지 않으면 언젠가 네가 수학을 못한다는 것을 혜수한테 들키게 될 거야."

민우는 은근히 신경이 쓰였다. 수학을 좋아하는 혜수는 혹시 진작에 나를 간파한 건 아닐까?

그녀는 내 여자친구가 맞을까?

"이 옷이 정말 잘 맞아요. 바지통도 딱 맞고. 여자친구가 보기엔 어

115

때요?”

“정말 잘 어울려요!”

‘지금 무슨 일이 일어난 건가? 점원은 혜수를 나의 ‘여자친구’라고 오해했다. 그리고 가장 중요한 건, 혜수는 이를 부인하지 않았다는 것이다.’ 민우는 얼떨떨한 기분이었다.

“그럼 이 정장으로 살게요.” 그는 기분 좋게 말했다.

“잠깐만요, 좀 더 생각해 봐요.” 혜수의 말에 점원의 얼굴에 안타까운 표정이 스쳤다.

“남자들은 물건을 살 때 빨리 결정한다고 들었는데, 사실일 줄은 몰랐어요.”

“혜수가 잘 어울린다고 하니까….”

“더 잘 어울리는 옷이 있을지 모르니 다른 매장도 둘러봐요.”

매장을 나오면서 그녀가 덧붙여 말했다.

“여성들에게 옷을 사는 규칙은 N개의 매장에서 자신에게 가장 잘 맞는 하나를 찾는 것이죠. 하지만 남성들은 최단 시간 안에 자신에게 맞는 어느 값 이상의 옷을 찾는 것이니 추구하는 최적화 목표가 완전히 다른 것 같아요.”

인생 곳곳이 수학 최적화로 가득한 것 같다. 하지만 지금은 최적화 따위는 전혀 중요하지 않다. 단지 혜수가 방금 ‘왜’ 나의 여자친구라는 것을 부인하지 않았는지 그것이 알고 싶을 뿐이다!

116

몇 곳의 매장을 더 둘러보았다. 하지만 다른 곳에서는 더 이상 그녀를 '여자친구'라고 부르지 않았다.

"난 처음 매장에서 입어 봤던 정장이 가장 잘 맞았던 것 같은데? 입었을 때 착용감도 좋았고."

"매장마다 자체 스타일이 있으니까요. 이 옷이 가장 잘 어울리는 것 같아요." 혜수가 거울에 비친 민우를 보며 말했다.

"그런데 거울에 비친 옷이 멋져 보일 때는 조명과 거울 크기 때문이기도 해요."

"조명?"

"어떤 가게에서는 부드러운 조명을 써서 안색이 좋아 보이게 하고, 좁고 긴 거울을 사용해서 비교적 날씬해 보이는 착각을 불러일으키도록 만들기도 하죠."

민우는 거울 밑부분이 약간 바깥쪽으로 기울어져 있고, 윗부분이 뒤로 젖혀져 있는 것을 알아차렸다.

"거울의 기울어진 각도와 관련이 있을 것 같아."

"무슨 뜻이죠?"

"예전에 물리학에서 거울이 15° 기울었다고 가정하면 투영된 사람은 거울이 기울어진 각도의 두 배인 30°만큼 기울어진다고 배웠던 기억이 나. 그래서 30° 뒤로 젖혀진 자신의 발뒤꿈치가 우리와 가장 가깝고 정수리가 가장 멀어. 삼각측량을 배울 때 물체가 우리와 가까울

수록 커 보이고 멀수록 작아 보인다는 것을 알았지. 발이 거울과 가장 가깝고, 머리 쪽으로 올라갈수록 거울과 점점 멀어져. 즉, 우리 다리와 상체의 비율이 평소보다 더 커져서 다리가 더 길어 보이니 비율이 더 좋아 보인다는 뜻이야."

민우는 '거울이 $x°$ 기울어질 때 사람의 다리 길이 비율이 $y\%$ 상승한다'는 식의 계산을 하면서 문득 연준의 조언이 떠올랐다. 역시 자신 없는 복잡한 해석은 하지 말고 예를 들어 설명해야 한다.

"예를 들어, 10m 높이와 100m 높이의 건물이 모두 우리 눈앞 1km 거리에 있다면, 우리는 그들의 높이가 1:10인 것처럼 보여. 그런데 10m짜리 건물을 앞으로 500m만 더 옮겨도 20m짜리 건물이 1km 거리에 있는 거야. 그래서 높이 비가 1:5가 되지. 기울어진 거울은 아마 이런 영향과 같을 거야."

"맞아요, 정말 대단해요! 전 오랫동안 쇼핑을 했지만, 처음으로 숨은 이치를 알게 됐네요. 어쩐지 어떤 바지는 분명히 매장에서는 다리가 길어 보였는데, 집에 가서 입으면 또 그냥 그렇더라고요."

혜수는 좌우를 살피면서 점원이 주의를 기울이지 않을 때 몰래 거울을 정상 각도로 밀어 놓았다. 그러자 민우는 다리가 길어 보이는 착시를 혜수 앞에서 들키고 싶지 않아서 재빨리 한쪽으로 비켜섰다.

"봐, 점원이 달려가 거울을 다시 기울였어." 그러자 계산대 앞에서 혜수는 민우를 툭툭 쳤고 피팅 존을 가리키며 작은 소리로 말했다.

"선배가 장난친 건 아니네요. 이 이론을 검증하고 싶었죠."

두 사람의 감정은 함께 나쁜 짓을 한 공범의 분위기로 살짝 달아올랐다. 민우는 이런 달달함이 영화에서만 일어나는 줄 알았다. 그는 점원을 보면서 머릿속에 어떤 서랍이 또 튕겨져 나왔다.

"옷 가게에 몇 명의 점원이 있어야 할까?"

"무슨 뜻이에요?" 혜수가 의아하다는 듯이 물었다.

"점원 수가 적을수록 월급으로 지출되는 비용이 적어지지. 하지만 또 이상적으로는 가게의 구석구석을 점원이 살필 수 있어야만 즉시 고객을 응대하고, 절도 상황도 막을 수 있어. 따라서 가게의 크기, 모양, 진열대의 배치와 사각지대가 얼마나 많은지에 따라 점원의 수가 정해져야 하는 거지."

민우는 계속 말을 이었다.

"미술관 문제Art Gallery Problem라는 수학 고전 문제가 있어. 미술관에 여러 개의 전시실이 있고, 어느 위치에 경비원을 두어야 모든 작품을 감시할 수 있는지 파악해야 최소한의 인력으로 관리할 수 있지. 어쩌면 옷 가게의 점원 수도 이 방법으로 해결할 수 있을지 몰라."

그는 핸드폰으로 자료 검색을 하곤 뭔가 설명이 잘못된 부분이 있어서 다시 보충 설명을 했다.

"미술관 문제에서 경비원은 정지되어 있지만, 옷 가게 점원은 자유

롭게 돌아다닐 수 있어. 그리고 고객이 점원을 찾으면 그가 원래 담당했던 구역은 다른 점원이 도와줘야 해. 그래야 공간적으로나 시간적으로나 동적인 최적화 문제가 되는 거야. 이는 매장의 크기 및 모양과 관련이 있을 뿐만 아니라, 동시에 고객 수, 고객 서비스 처리 시간, 점원이 걷는 속도와 관련이 있어. 내가 방금 검색해 보니, '감시자 문제 Watchman Problem'라는 또 다른 문제가 있어. 이것은 이동 가능한 사람에 대해 이야기하는 것으로 최단 경로에서 모든 구역을 봐야 하는데, 아마도 이 문제와 관련이 있을 것 같네. 아, 미안해. 너무 몰입해서 이야기했어. 또 모두 말뿐이고 답을 계산해 내진 못했네."

자신도 모르는 사이에 장황하게 늘어놓은 설명에, 혜수의 기분을 전혀 고려하지 않은 것이 민우는 좀 민망했다. 그녀는 고개를 가로저으며 미소지었다.

"정말 대단해요. 현실과 수학 문제를 연결시킬 수 있다니요."

민우는 멋쩍게 웃었다. 혜수에게 수학으로 칭찬받는 것이 새 정장을 입는 것보다 즐겁다. 사실 오늘 옷을 사는 것 외에도 더 중요한 목적이 있었다. 혜수와 함께 새해 일출을 함께 보러 가고 싶었다. 지금 분위기가 바로 물어볼 타이밍인 것 같았다.

그런데 숨을 들이마시고 용기를 내려는 순간, 혜수의 밝은 목소리가 먼저 나왔다.

"선배, 혹시 일출… 같이 보러 갈래요?"

Part 3
수학으로 고백하기 대작전

10

초전개 수학여행단 I

"느린 줄에 서는 건 운이 나쁜 게 아니야. 원래 확률상 일어날 가능성이 더 커."

"두 가지를 말하자면, 하나는 가장 빠른 팀은 하나뿐이라는 거야. N개의 팀 중 $\frac{1}{N}$의 확률로 먼저 들어갈 수 있지. 다른 하나는 느린 팀의 수가 비교적 많기 때문에 네가 임의로 한 줄에 배정될 때 느린 팀에 들어갈 확률이 높다는 거야."

"은석이 수학적 감이 많이 늘었네." 정한이 탄성을 자아냈다.

"학생들이 BMW를 타는 경우는 거의 없지. 그렇지 않아?"

민우가 운전에 열중하고 있는 정한을 보며 말했다. 미국에서 유학 중인 정한은 크리스마스 연휴를 이용해 귀국했다.

"정한이를 너무 모르는구나. 얘가 어디 보통 대학생이니?"

유아가 조수석에서 민우를 뒤돌아보며 덧붙였다.

"정한은 몇 년 후에 백화점 경영을 계승할 거라고."

유아의 앞뒤 두 마디 말투는 대략 10℃ 정도의 온도차를 보였다.

"민우는 유아하고 친해?"

정한의 물음에 유아는 "친하지. 그리고 혜수의 '좋은' 친구이기도 하지."라고 말했다.

"그런데 '좋은'에 왜 악센트를 넣어요?" 혜수가 민망한 듯 말했다.

"민우, 넌 내가 힘을 실어 주길 바래, 아니길 바래?"

유아가 장난스럽게 말하자 혜수는 조수석의 등받이를 두드리며, "그만 좀 해요."라며 얼굴을 붉혔다.

차는 빠르게 고속도로로 진입하고 있었다. 정한의 운전 솜씨가 훌륭하거나, 어쩌면 BMW 차가 좋거나, 아니면 둘 다일 수도 있다. 세 자릿수 속도로 차가 달리고 있다는 사실을 아무도 깨닫지 못했다. 목적지는 부산이다. 잠시 후 차는 서서히 정차하기 시작했다.

"연휴라 역시 차가 막히네." 민우가 뒷자리 한가운데에 앉아 몸을 앞으로 내밀고 밖을 보면서 말했다.

"왼쪽 차선으로 갈아타는 게 빠를 것 같아."

"아니야, 조금 있으면 양쪽 균형이 잡힐 거야."

정한은 고개를 가로저으며 이렇게 말했다.

"앞차들은 왼쪽 차선이 비교적 빠르다는 것을 알아차릴 거고, 네가 말한 대로 많은 사람들이 왼쪽으로 끼어들겠지. 그렇게 왼쪽 차선의 차가 많아지면, 우리 차선의 차가 줄어들고 양쪽의 속도는 평형에 가까워질 거야."

"심지어 '언더 댐핑$^{under\ damping}$ 현상'이 발생할 때도 있어." 유아가 덧붙여 말했다.

"그게 뭐야?" 민우가 물었다.

"너, 수학 엄청 잘하는 건 아니구나? 여기에 또 수학적 원리가 숨겨져 있지." 유아가 소란을 피운 후 설명을 시작했다.

"너무 많은 사람이 왼쪽으로 끼어들기 때문에 왼쪽 차선의 속도가 느려질 뿐만 아니라 마지막에는 우리 차선보다 더 느려져. 그러면 왼쪽 차선의 어떤 사람들은 다시 오른쪽으로 끼어들어서 우리 차선의 속도를 느리게 하지. 또 어떤 사람들은 왼쪽으로 끼어들기도 하는데 이런 것을 여러 번 반복한 후 양쪽 차선의 속도가 균형을 이루는 것을 언더 댐핑 현상이라고 해."

창밖을 내다보니 애써 우리의 이론을 검증하려는 듯 왼쪽 차가 점

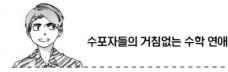

점 속도를 줄이고 있었다.

오후 늦은 시간이 되어서야 그들은 부산에 도착했다. 정한은 민박집을 통째로 전세 냈다.

"연준과 민우는 아래층 왼쪽 방, 나는 정한과 위층 왼쪽 방, 혜수는 위층 오른쪽 방에서 자면 돼." 유아가 방을 배정했다.

방 배정이 끝나고 짐을 풀자 슬슬 허기가 몰려왔다. 부산에서 먹을 것을 찾는 것은 조금도 어렵지 않다. 다만 어디가 맛집으로 줄을 선 인파가 많은지 알아보고 그 대열의 끝자락을 이으면 된다.

"수학 언어로 말하자면, 인파는 맛있는 정도와 양의 상관관계가 있지. 현지인들은 그렇게 생각하지 않을 수 있지만."

다행히 쉽게 장사가 아주 잘 되는 곳을 찾아냈다. 마치 부산의 관광객이 모두 이곳으로 몰려온 것 같았다. 가게에는 여러 개의 카운터와 서너 개의 줄이 장사진을 이루고 있었다.

"많은 가게가 북적인다고 들었는데, 현지인들이 자주 가는 포장마차는 오히려 골목에 숨어 있어서 관광객들이 알긴 힘들지."

"그래서 잘 알려지지 않은 숨은 동네 맛집은 속상하지 않을까? 음식 맛은 더 좋은데 장사는 별로라서."

민우의 말에 정한이 반박했다.

"그렇지는 않아. 명성있는 맛집을 사람들이 많이 찾는 데에는 이유가 있을 거야. 어떤 가게는 하루에 10인분이든 1,000인분이든 동일한 질을 유지해야 하기 때문에 많은 애로사항이 있을 것이고, 다양한 시행착오를 겪은 후에 새로운 단계로 들어가서 입소문 나는 유명한 가게가 되지. 어떤 가게는 이 단계를 통과하지 못하고 명성만 이어가다가 결국은 쇠퇴하고. 동시에 사람들로부터 외면당한 가게는 새로운 가게를 내서 다시 체계적인 관리를 하기도 하지.”

“역시 그룹의 후계자라 다르긴 다르네. 뜻밖에도 줄서기를 하면서 기업관리 수업을 다 받는군. 하하!”

“이것은 ‘피터의 원리The Peter Principle’와 좀 비슷해. 기업에서 직원은 노력해서 승진하고 그의 능력이 감당할 수 없는 위치까지 상승해. 그래서 회사의 구성원들은 자신의 직위에 적합하지 않은 위치에 있기도 해. 가게도 마찬가지야. 직원을 해고하기가 비교적 쉽지 않지만, 손님은 쉽게 빠져나갈 수 있어. 그래서 장기적으로 가게는 결국 가장 적합한 규모로 회귀하게 돼.”

유아는 정한의 손을 잡고 “2010년 개그노벨상이 기억나. 랜덤으로 승진하는 것도 제시했는데 평균적으로는 회사에 가장 좋은 전략이었어. 그 안에 통계 물리적인 분석이 사용됐지.”

모두 한마디씩 쏟아내며 토론의 장이 펼쳐졌다. 한참 후 연준은 민우와 혜수가 아무 말도 하지 않고 있다는 걸 느꼈다. 연준이 눈짓으로 묻자 민우가 작은 목소리로 말했다.

"너희 대화는 다 이런 식이야? 식당에서 줄 서면서 하는 잡담도 이렇게 수학적으로?"

"너 아직도 『좌충우돌 청춘 수학교실』 안 읽어 봤지?" 민우는 고개를 끄덕이다가 또다시 투덜대며 말했다.

"운이 정말 나빠. 다른 줄의 사람들은 우리보다 더 빨리 앞으로 가고 있어. 이건 운전하고 달리 차선을 바꿀 수도 없어. 설마 이것도 수학으로 설명할 수 있는 건 아니겠지?"

"맞아, 왜냐하면…."

"정말 공교롭군!"

익숙한 목소리가 들렸다. 고개를 돌려보니 은석이 사람들을 헤치고 다가왔다.

"민박집으로 바로 가려다 잠깐 들렀는데 이렇게 만나다니, 정한 오랜만이야!"

혜수는 갑자기 나타난 은석을 보고 기뻐하는 듯했다.

"왜 빈방 하나가 있나 했더니 은석 때문이었어. 운이 안 좋은 것 같군…." 민우가 작은 소리로 중얼거렸다.

"하이, 너도 우리 수학여행단에 합류한 거야?"

은석이 돌아서서 민우에게 인사를 건네자, 민우는 방금 롤케이크를 입에 넣은 듯 입가가 미소를 짓지 못할 정도로 어색해졌다. 바로 그 순간, 은석이 깜짝 놀랄 만한 발언을 했다.

"소개할게. 내 여자친구 수안이야." 민우는 순간 정신이 번쩍 들었다.

"여자친구?"

"수안은 미래에 내 와이프가 될 사람이라고."

그제서야 민우는 안심이 된다는 듯 얼굴이 환하게 풀어졌다.

"은석 선배와 수안 언니를 볼 때마다 정말 잘 어울린다고 생각해요." 혜수가 말했다.

"민우야, 방금 우리 운이 안 좋다고 했지? 느린 줄에 서는 건 운이 나쁜 게 아니야. 원래 확률상 일어날 가능성이 더 커."라며 은석이 설명했다.

"두 가지를 말하자면, 하나는 가장 빠른 팀은 하나뿐이라는 거야. N개의 팀 중 $\frac{1}{N}$의 확률로 먼저 들어갈 수 있지. 다른 하나는 느린 팀의 수가 비교적 많기 때문에 네가 임의로 한 줄에 배정될 때 느린 팀에 들어갈 확률이 높다는 거야."

"은석이 수학적 감이 많이 늘었네." 정한이 탄성을 자아냈다.

여행지에서도 빠지지 않는 수학의 재미

배불리 저녁을 먹은 후, 일행은 소화도 시킬 겸 식당 가까이에 위치한 백화점으로 향했다. 백화점 루프탑에 있는 작은 정원에 가기로 한 것이다.

정원에 도착한 뒤 고등학교 졸업 여행이 화두가 되어 이야기꽃을 피웠다. 예전에 성찬 선생님과 함께 교토에 갔었던 추억을 회상했다.

"쌤이 계속 ○○신사에 가겠다고 고집하셨을 때 우리는 '교육의 신을 모시는 신사라서 쌤이 가고 싶었나 보다' 하고 생각했지. 그런데 한참 만에야 쌤이 수학 문제를 보러 가고 싶어 한다는 것을 알았어."

연준은 민우와 혜수에게 '일본의 어떤 신사에는 현판이 걸려 있는데, 그 위에 수학 문제가 적혀 있다'고 설명했다.

"수학 문제가 걸려있어요?"

혜수는 매우 불가사의하다는 듯한 반응을 보였다. 그러자 역사를 사랑하고, 일본 특유의 와산和算 문화에 대해서도 잘 알고 있는 수안이 모처럼 입을 열었다.

"일본 에도 시대의 수학은 마치 바둑, 다도처럼 분파가 있어 수학자끼리 겨루기도 했어. 방법은 스스로 설계한 수학 문제를 신사에 봉납하는 거였어. 신에게 바치고 싶은 물건을 그림으로 나타내는 것은 일본의 풍습이야. 수학자가 가장 소중하게 여기는 것은 당연히 스스로 심혈을 기울인 수학 작품이지. 신사에 많은 사람이 드나들 수 있으니 다른 수학자들도 이 신사를 방문하면 자신이 낸 문제를 볼 수 있고 한바탕 수학적으로 겨룰 수 있어."

민우와 혜수는 아연실색했다.

"이런 현판을 '산액算額'이라고 해. 문제를 낸 수학자가 돌아와서 사람들의 답변을 고쳐줘. 문제를 해결하면 해답에 '명찰明察'이라고 썼어. 일본 각지에는 현재 900여 개의 산액이 있는데, 대부분이 기하 문제야."

"왜?"

"자세한 건 나도 잘 몰라. 아마도 기하학적 작도가 미적 감각을 겸비하고 있기 때문일 것 같아. 지난번에 우리가 갔던 교토의 신사에만 산액이 두 폭 있었지. 안타깝게도 모든 신사가 산액의 소중함을 알고 문화, 수학, 예술을 겸비한 것은 아니야. 많은 산액은 잘 보존되지 않고 있어. 어떤 신사의 산액은 심지어 그림이 벗겨지고 나서야 비로소 바닥의 수학이 드러났어."

"아, 설명을 들으니 일본에 다시 한번 가보고 싶다."

은석이 손을 내밀어 수안을 끌어안으며 말했다.

"정한아, 일본 여행을 다시 한번 계획하자. 성찬 쌤도 함께!"

11

초전개 수학여행단 Ⅱ

정한이 요리 프로그램 진행자 말투로 온천 계란 만들기 과정을 설명하면서
타이머를 눌렀다.

"먼저 달걀 7개를 통째로 끓는 물에 3.5분간 담가둬요."

타이머가 울리자 그는 얼음물이 있는 볼에 달걀을 담그고 두 번째로 타이머
를 눌렀다.

"20분만 기다려요."

"그럼 먹어도 돼?"

"62℃의 미지근한 물에 30분간 담가두었다가 얼음물에 다시 담가야 해.
수학자 그레이엄은 수학의 궁극적인 목적은 지혜로운 사고를 필요로 하지
않는 것이라고 말한 적이 있어. 요리하는 것도 같은 이치로, 셰프 없이도
훌륭한 요리를 만들 수 있지."

아침 7시, 향기로운 커피 향에 눈을 떴다. 혜수가 아침을 준비하고 있는 걸까?

'지금은 너희들과 함께이지만, 앞으로는 나 혼자만 혜수의 아침을 즐길 거야.'

민우는 그저 생각만으로도 즐겁다.

"아, 굿모닝!" 앞치마를 두른 정한이 민우에게 인사했다.

"외국에서 오래 지내다 보니 세 끼를 혼자 요리하는 데 익숙해졌어. 그런데 외국에서 가장 익숙하지 않은 건 단위였어."

"단위?"

"미국은 미터법을 사용하지 않아. 그들은 무게를 파운드와 온스, 용량도 온스와 갤런을 사용하거든. 온도는 우리가 잘 아는 화씨온도(℉)이고."

민우는 스타벅스에서 온스라는 단위를 접했지만, 1온스가 몇 그램인지는 진지하게 생각해 본 적이 없었다.

"1파운드는 0.4536kg, 1온스는 28.35g이야. 용량은 1온스가 29.57㎖, 1갤런은 3.785ℓ이지. 스타벅스 큰 컵은 16온스로 대략 473㎖의 용량이야. 이건 다른 일반 음료 판매점의 중간 컵 500㎖보다 조금 작아."

민우는 정한의 설명을 들으면서 블랙커피를 한 모금 마셨다. 음, 카페인이 충분하다. 인덕션 위에 올려진 냄비에 물이 끓고, 그 옆에는 솥이 두 개가 있다. 하나는 얼음이 가득하고, 다른 하나에는 온도계가 꽂혀 있다.

"이렇게 온도가 다른 물로 뭘 하려는 거야? 실험이라도 할 생각이야?"

"온천 계란을 만들 거야. 『모더니스트 퀴진Modernist Cuisine』이라는 레시피를 본 적 있어? 마이크로소프트의 전 기술 책임자인 네이선 미어볼드Nathan Myhrvold가 쓴 건데, 과학적인 방식으로 요리를 소개해. 편미분 방정식을 포함해서 전문 수학 소프트웨어로 보조 계산을 하지."

정한은 요리 프로그램 진행자(제이미 올리버의 열정적인 스타일이 아닌, 60년대 막장 느낌에 가까운)의 말투로 온천 계란 제조 과정을 설명하면서 타이머를 눌렀다.

"우선 달걀 7개를 통째로 끓는 물에 3.5분간 담가둡니다."

타이머가 울리자 그는 얼음물이 있는 볼에 달걀을 담그고 두 번째로 타이머를 눌렀다.

"이번에는 20분을 기다려야 해요."

"그다음엔 먹을 수 있어?"

"62℃의 미지근한 물에 30분간 담가두었다가 마지막에 얼음물에 담가. 그런 후에 숟가락 뒷면으로 달걀 껍데기를 깨뜨려."

"온천 계란 맛있어!"

아침 식사 테이블에서 모두 정한표 온천 계란에 대해 칭찬을 아끼지 않았다. 특히 혜수는 먹는 내내 행복한 표정을 지었다.

"그 책 제목을 다시 한번 알려줄래?"

민우가 진지한 듯 작은 소리로 정한에게 부탁하자 그는 숟가락 뒷면으로 달걀 껍데기를 두드리며 말했다.

"수학자 그레이엄Graham은 수학의 궁극적인 목적이 똑똑한 사고를 필요로 하지 않는 것이라고 했어. 요리도 같은 이치로 셰프 없이도 훌륭한 요리를 만들 수 있지."

테셀레이션 예술과 수학의 콜라보

아침 식사 후, 부산 이곳저곳을 돌아보기로 했다. 민우는 한 도시의 가치가 초고층 빌딩이나 화려한 백화점에 있지 않다고 느꼈다. 위대한 도시는 발전과 동시에 과거의 역사를 존중해야 한다. 신구 건물이 교차하는 거리를 누비며 부산의 문화가 나무뿌리처럼 보이지 않는 곳에서 성장해 퍼지는 것을 느꼈다.

"음악에 깔려 있는 수학식이 바로 이런 느낌일까?"

연준이 조금은 무게감 있는 분위기를 깨며 말을 이었다.

"수학자 실베스터J. Sylvester는 '음악은 수학의 감성이고 수학은 음악의 이성'이라고 했어. 오선 악보는 시간의 변동을 주파수 형태로 표현한 거지. 중간고사 시험 범위였던 신호 시스템 과목 중 푸리에 변환을 기억해? 바로 이 이야기야."

"시험도 끝난 과목을 기억하느라 뇌 공간을 낭비할 필요는 없어."

그때였다. 모두 멈춰서서 오래된 집의 철창 꽃을 보고 있었다.

"자갈마당, 모자이크 벽돌담, 철창 꽃 등 옛날 스타일이 너무 마음에 들어요."

혜수가 살짝 들뜬 표정으로 말했다. 그녀는 민우가 연준과 함께 걸어오자 이어서 재잘거렸다.

"여기엔 기하학적인 요소가 많은데, 예술을 통해 수학의 또 다른 모습을 보여줘서 정말 멋져요."

"좋아, 이런 모습이야말로 내가 아는 혜수야."라며 사진을 찍고 있는 수안의 핸드폰에 달린 피규어가 달랑거렸다.

"그리고 넌 터키를 좋아할 거 같아. 이슬람 종교는 반복되는 기하학적 도형이 알라의 무한한 창조 능력을 상징한다고 믿기 때문에 곳곳에서 '아랍 무늬'를 볼 수 있지."라고 덧붙였다.

"아, 성찬 쌤이 예전에 수업 시간에 말씀하셨던 백은 비율을 이용해서 만든 무늬?"

은석은 고개를 끄덕이며, 핸드폰으로 아랍 무늬 몇 장을 찾아 혜수에게 보여주었다.

"백은 비율은 뭐예요?"

"백은 비율은 $\sqrt{2} + 1:1$로 대략 2.414이지. 그건 이 마름모꼴 속에 숨겨져 있어. 그리고 이 몇 개의 기하학적 문양이 정팔각형 모양을 형성해. 이것의 대각선 길이는 변의 길이와 비례하고, 그것의 비율은 2.414가 되지."

"백은 비율은 나무뿌리처럼 아랍 무늬 아래에서 자라고 퍼지는 구나."

민우의 혼잣말을 듣고 유아는 "난 아랍 무늬가 너무 복잡하다고 생각해. 개인적으로 황금비율로 만든 펜로즈^{Penrose} 테셀레이션이 좋아." 라고 말했다. 그러고 보니 유아의 핸드폰에는 복잡하지만 규칙적인 기하학적 도형이 그려져 있다. 자세히 보니 아랍 무늬에는 정팔각형이 많이 숨겨져 있지만 유아가 말한 펜로즈 테셀레이션에는 정오각형이 많다.

"황금비율의 값은 $\frac{1+\sqrt{5}}{2}$ 이고 1.618에 가까워. 정확히는 정오각형의 대각선과 한 변의 길이의 비율이지." 민우가 말했다. 그러자 모두 그가 방금 이상한 일을 한 것처럼 쳐다보았다. 혜수가 감탄하는 눈빛을 보이자 은석이 물었다.

"그 다음엔?"

"어? 그리고…."

"펜로즈 테셀레이션은 두 가지 도형의 조합으로 구성되어 있는데 이 두 도안은 황금비율과 무슨 관계가 있어?"

은석이 핸드폰의 스크린을 가리켰다. 민우가 눈을 부릅뜨고 보니 복잡한 테셀레이션 전체가 모두 두 개의 기본 도안으로 구성되어 있었다. 민우가 우물쭈물 대답하지 못하자 유아가 옆에서 말을 끊었다.

"이 두 가지 도안은 다트^{Dart}와 연^{Kite}이라고 해. 각 도안의 긴 변과 짧은 변의 비율은 황금비율이야. 은석의 문제는 너무 간단해. 민우가 대답할 가치가 없어."

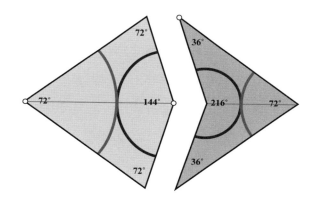

"테셀레이션 하면 역시 에셔의 창작이 가장 독특하지."

연준의 말에 혜수는 놀랍다는 듯이 눈을 크게 뜨고 그를 쳐다보았다.

일행은 카페로 들어섰다. 셀프 음료 코너에서 음료수를 가져와서 자리를 정한 후, 방금의 화제를 계속 이어 나갔다. 유아는 혜수에게 테셀레이션이 뭔지 한창 설명 중이었다.

"테셀레이션은 한 가지 또는 여러 가지 기하학적 도형으로 평면을 완전히 덮는 거야. 옛날 학교 교실 바닥과 같이 정사각형으로 만든 것이 많은데, 이건 바로 정사각형으로 테셀레이션 한 거고. 펜로즈 테셀레이션은 다트와 연을 이용해 테셀레이션 하는 것인데 에셔가 대단한 건 그가 테셀레이션 한 것이 기하 도형이 아니라 새, 도마뱀 등 각종 동물을 활용했다는 점이야."

민우는 핸드폰으로 에셔를 검색했다. '와우, 엄청난걸!' 민우는 감탄이 절로 나왔다. 이렇게 놀라운 예술 작품은 처음 접해 봤다. 동일한 형태의 도마뱀들이 빈틈없이 달라붙어 있는 것이 대단했다.

"이게 정말 수학과 관련이 있어?" 민우가 연준에게 물었다.

"에셔가 수학을 활용했는지는 모르겠지만, 보통 사람들은 반드시 계산을 한 후에 테셀레이션을 만들 수 있어." 연준은 펜으로 그림을 그리면서 상세하게 설명했다.

"정사각형을 네 부분으로 똑같이 나누고, 다시 큰 정사각형의 한가운데에서 자르는 거야. 자른 선분이 한 구역을 지날 때마다 동시에 다른 세 구역에 대응하는 분할 선분을 만들어. 그려진 것은 그것의 '거울상'이야."

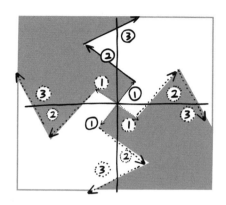

그는 중심에서 오른쪽으로 가는 선분을 그렸고, 이어서 종이를 90°, 180°, 270° 돌려서 각각 똑같은 선분을 그렸다. 네 개의 선이 서로 수직인 상태로 중심에서 바깥으로 퍼져나간다. 연준은 이런 방법으로 그림을 계속 그리면서 말했다.

"봐, 거울상은 도형의 확장을 제한하고 있고, 이런 제한 때문에 디자인된 도형이 서로 틀이 맞게 되지. 중심점에서 출발하는 선이 4개인 것처럼 보이지만, 사실 우리는 그중 한 개만 설계하고 다른 방향으로 뻗어 나가는 3개는 모두 거울상으로 자동으로 만들어진 거야. 에셔의 테셀레이션은 이것을 바탕으로 하고 그 위에 약간의 예술 세포에 더 복잡한 수학이 더해져 완성된 거야. 혜수야, 한번 해볼래?"

불과 몇 분 만에 연준은 예술적 감각이 에셔와 비교할 순 없겠지만 멋진 작품을 그려냈다. 연준은 펜을 혜수에게 건네주었고, 혜수는 연준의 방법을 따라 한 획씩 천천히 그려나갔다. 민우는 아침에 정한이 했던 말이 생각났다.

'수학의 궁극적인 목적은 똑똑한 사고가 필요 없다는 것이다!'

12

러브 게임을 위한 조언 : 저돌적으로 출격하라

"두 사람이 함께할지는 그녀가 너를 좋아하는 것뿐만 아니라 네가 그녀를
얼마나 좋아하는지도 중요해. 보통 남자들이 좋아해서 계속 쫓아다닐 때 두
사람의 끌림이 평균 60점만 되어도 같이할 수 있지. 네가 99점 좋아하면 상
대방이 21점이라고 해도 평균 60점이 돼."

"겨우 21점인데 좋아한다고 표현할 수 있어?"

"그럼 있지. 마이너스 점수는 싫어한다는 뜻이고."

그는 몇 초 망설이다가 뭔가 떠올랐다는 듯이 말했다.

"산술 평균보다 기하 평균이 합리적이야."

여행은 늘 돌아옴으로 귀결된다. 집에 돌아온 순간 '시간'이라는 열차가 계속 앞으로 달려가 객차 전광판은 곧 '기말고사'역에 도착한다고 안내했다.

그날 저녁 연준은 은석과 민우와 함께 카페에서 공부했다.

"이건 키르히호프의 법칙$^{Kirchhoff's\ law}$을 적용하면 풀 수 있어."

"에휴, 다른 학교의 예전 기출 문제까지도 풀 수 있으면 뭐해. 우리 학교는 다른 교재인 걸."

연준이 은석에게 족보 문제를 가르치고 있는데 민우가 옆에서 재미있게 보고 있었다. 은석은 방금 푼 문제를 이해해서 기분이 매우 좋은 것 같았다. 그는 두 손을 벌리고 과장된 어투로 말했다.

"지식은 학교의 틀에 얽매이지 않지. 연애도 마찬가지야. 너도 좋아하는 여학생이 있지 않아?"

"이건 그것과 별개지."

여행 후, 민우는 혜수와는 진전이 없고, 오히려 은석과 절친이 되어 때로는 농구나 게임을 함께 하기도 했다. 오늘도 은석이 먼저 민우에게 "전기 회로학도 가르쳐줄 겸 연준이와 오지 않을래?"라고 제안한 것이다.

결국 친구란 만남의 빈도가 많은 사람의 무리이다. 만약 연준이 민우와 비슷하다면, 연준은 은석과도 비슷할 것이다. 수학에서 '전달율'은 이쪽에서도 유용할 것 같다.

a=b, a=c이므로 b=c이다.

완전히 맞는 것은 아니다. 더 정확하게 말하면 친구 관계는,

a≒b, a≒c이지만 b≒c라고 할 수 없다.

'근사'는 '동일'과 같은 전달 법칙을 가지고 있지 않다. 예를 들어 2.4≒2, 1.6≒2이지만 2.4와 1.6의 차이는 0.8이다. 역시나 어느 공동체에서 모든 사람이 잘 맞는 것은 아니다. 1~2명이 핵심이고 모두가 그들과 비슷할 뿐이다.

"연준아, 뭐해?"

"수학 생각이겠지. 너 연준이 머리에 노란 불이 번쩍이는 거 못 봤어? 전속력으로 레이스 중이라고."

"고등학교 때도 이런 상황이 있었는데, 수학 보충반 쌤과 연준의 대결이라면 그땐 정말….″

"대단했어?"

"솔직히 말해서 좀 지루했어."

"하하하!"

연준은 두 사람을 보면서 마음속으로 자신보다 저 두 사람이 서로

더 닮았을지도 모른다고 생각했다.

다시 만난 기하 평균값

앨리스 카페에서는 아이스라떼를 맥주잔에 담아준다. 컵 입구를 덮은 촘촘한 우유 방울은 마치 맥주 거품과 같아서 크게 한입 마시면 매우 시원한 맛이 느껴진다.

"아~ 그러니까 민우야, 너 어떻게 할 거야?"

이 문장에는 '목적어'가 없지만 우리는 모두 은석이가 무슨 말을 하는지 잘 알고 있었다.

"나도 모르겠어. 혜수와 친하긴 한데 선을 계속 못 넘고 있는 것 같아. 그래서 난 아직 결판을 낼 수가 없어."

"결판? 담판을 짓겠다는 말처럼 들려."

"고백 말이야."

"도대체 그 '선'이 뭐냐? 자주 만나기도 하고 전화도 매일 하고 있잖아?" 연준이 끼어들어 물었다.

"맞아, 하지만 난 종종 우리가 서로를 잘 모른다고 생각해."

"예를 들어 혜수가 네가 사실 수학을 좋아하지 않고 잘 못한다는 걸 모르는 거?"

민우가 한숨을 쉬며 대답했다.

"맞아, 만약 내가 수학을 전혀 좋아하지 않는다는 것을 안다면 정말 실망할 거야. 어느 날 갑자기 내가 '난 게임을 좋아하지 않는데 너희들과 함께 하기 위해서야'라고 말했듯이."

"오우, 난 좀 감동인걸!" 은석이 말했다.

"두 사람이 함께할지는 그녀가 널 좋아하는 것뿐만 아니라 네가 그녀를 얼마나 좋아하는지도 매우 중요해. 보통 남자들이 좋아해서 계속 쫓아다닐 때 두 사람의 끌림이 평균 60점만 되어도 같이 할 수 있지. 네가 99점 좋아하면 상대방이 21점이라고 해도 평균 60점이 돼." 은석이 그를 위로했다.

"겨우 21점인데 그걸 좋아한다고 말할 수 있을까?"

"그럼, 좋아한다고 할 수 있지. 마이너스 점수는 싫어한다는 뜻이고."

그러자 연준은 몇 초 동안 망설이다가 뭔가 떠올랐다는 듯이 말했다.

"산술 평균보다 기하 평균을 쓰는 게 비교적 합리적인 것 같아. 99점과 21점을 서로 곱해서 루트를 씌우면 46점밖에 안 돼."

"어?" 민우와 은석은 동시에 의심스럽다는 듯이 반문했다.

연준이 은석에게 물었다.

"생각해 봐. 둘 다 똑같이 서로를 60점씩 좋아해. 방금 네가 든 예처럼, 그들의 산술 평균은 더해서 2로 나누면 모두 60점이지만, 각자의 반응이 똑같을까?"

은석은 고개를 저었다. 분명히 서로 60점씩 좋아하는 남녀가 있다면, 틀림없이 좋아하지만 어떤 느낌도 말하지 않는 남녀보다 사귀기는 쉬울 것이다.

"이성 친구 사귀기 사이트에서는 회원들에게 질문지를 작성하게 해. 문제는 자신이 어떤 사람인지뿐만 아니라, 희망하는 상대방이 어떤 사람인지도 써야 하지. 그러면 웹사이트에서 각 회원의 데이터베이스에 기초해 이성 간의 매칭 지수를 다시 계산하지. 매칭 지수에는 '여자가 남자의 이상적인 연인인지'와 '남자가 여자의 이상적인 연인인지'가 포함돼."

"유명한 연예인이 많은 사람의 이상적인 연인이지만, 그의 이상적인 연인은 소수인 것처럼."

"나처럼!" 하며 은석은 어깨를 으쓱했다.

이것이 연준이 아는 은석 스타일이다. 은석이 연준의 설명에 이어 말했다.

"최후의 매칭 지수는 이 두 개의 이상적인 연인 지수의 기하 평균값이야, 산술 평균이 아니라. 기하 평균을 말하기 위해 이 화두를 꺼낸 건데 아마도 스크린 크기보다는 재미있을 거야." 민우가 은석에게 못마땅한 눈빛을 보내자 은석은 재미있다는 듯이 이렇게 말했다.

"지난번에 누군가가 일식집에서 기하 평균을 냈거든."

용기 있는 자가 미녀를 쟁취한다

"사실 혜수가 널 어떻게 생각하는지 모르니, 네가 좀 더 적극적으로 나가는 게 좋겠어."

은석이 목소리를 높이며 손가락 마디로 탁자를 두드리자 웨이터의 시선이 우리 테이블로 향했다.

"게일^{Gale}은 섀플리^{Shapley}에게 자진 출격한 쪽에서 비로소 달콤한 연애의 열매를 따낼 기회가 생긴다고 했어."

"누구?"

"미국의 경제학자이자 수학자야. 그들의 이론에 따르면 만약 3쌍의 남녀가 있다고 가정했을 때…."

은석은 펜을 꺼내 냅킨에 다음과 같이 썼다.

민우 : 혜수 > a녀 > b녀
y남 : a녀 > 혜수 > b녀
x남 : 혜수 > b녀 > a녀

각각의 남자가 세 여자에 대해 선호하는 서열이다. 은석은 계속해서 각 여자의 남자 순위를 써 내려갔다.

혜수 : y남 > 민우 > x남
a녀 : 민우 > x남 > y남
b녀 : y남 > x남 > 민우

"y남은 누구야?" 민우는 이 예가 맘에 들지 않는다.

"그건 중요하지 않아. 아니면 나라고 생각해. 세 명의 여자 중 두 명에게 1등인 것은 충분히 합리적이야. 연준 넌 x남이야. 오, 너도 혜수를 가장 좋아해!" 은석은 자신이 잘못 썼는지 확인하면서 대답하였다.

민우는 그를 신경 쓰지 않았다. 그의 논리상 y남의 1등 a녀는 수안이어야 하지만 a녀가 가장 좋아하는 사람은 민우고 y남은 3등일 뿐이다.

"우선 남자에게 선택권이 주어진다고 생각해 보자. 민우와 x남은 동시에 혜수를 가장 마음에 들어 해. 혜수는 y남을 좋아하지, 바로 나 말이야. 그런데 내가 a녀를 가장 좋아하기 때문에 혜수는 마음을 2순위인 민우로 정하지. 같은 이치로 내가 좋아하는 a녀는 나와 함께 할 거야."라고 은석은 설명했다.

만약 여자가 느끼기에 세 명의 남자가 선택하기에 부족함이 없다고 가정한다면, 이 추론은 성립될 것이다. 은석이 계속해서 말을 이었다.

"x남은 혜수가 가장 마음에 들지만 그의 2순위인 b녀를 선택할 수밖에 없어. b녀는 y남자를 가장 좋아해, 바로 나. 나랑 연결되지 않는 여자들이 날 제일 좋아해, 난 정말 죄인이야. 그래서 결국엔 (민우, 혜수), (y남, a녀), (x남, b녀)가 되지."

"그리고?"

"다음은 없어. 매칭이 끝났어. 하지만 잘 봐. 넌 꿈을 이뤘어. 가장 같이 있고 싶은 혜수와 매칭되고 y남인 나는 가장 만나고 싶은 a녀와 연결돼. x남도…."

민우는 은석의 말을 끊고 말했다. "어떤 남자는 그의 2순위와 함께 있어. 남자는 모두 자신의 1, 2순위와 매칭될 수 있는 것이지. 하지만 여자에게는 그렇지 않아. 나는 혜수의 2순위, x남은 b녀의 2순위로 모두 괜찮지만 a녀가 가장 처참해. 3순위인 y남과 연결돼. 바로 은석이네!"

"에이, 그럴 수가! 흠, 예를 잘못 들었군."이라며 은석이가 중얼거렸다.

민우는 이어서 설명했다.

"그래서, 어떤 여자도 자신의 1순위와 매칭되지 않고, 또 어떤 여자는 어쩔 수 없이 3순위와 연결되어야 해. 이건 '전 세계 남자들이 다 죽는다고 해도, 나는 너와 사귈 수 없다'는 과격한 생각이 없다는 전제하에 있는 거겠지?" 민우가 묻자 은석은 자신이 빠뜨린 가설을 알아차렸다.

"맞아, 우리는 쌍방이 모두 '상대방은 선택하기에 부족함이 없다'는 가정이 필요해. 그래서 a녀는 혼자만 3순위와 매칭이 된다고 해도 괜찮은 거야. 하지만 이건 적극적인 공세를 펼치는 남자에 초점이 맞춰진 것이 아니라, 고백이 거절될 위험도 있지만 결국엔 비교적 좋은 결과를 얻어 더 좋아하는 상대와 함께할 수 있을 것으로 보여. 수동적인 쪽은 굳이 구애하지 않아도 고개를 끄덕이기만 하면 되지. 가벼워보이거나 처신이 좋지 않다면 사실 마지막 결과는 비교적 좋지 않겠지."라고 은석은 자포자기한 태도로 대답했다.

이것은 고전적인 짝짓기 알고리즘이다. 은석은 정신을 가다듬고 다시 설명을 시작했다.

"만약 반대로 여자가 남자를 선택한다면 y남은 동시에 혜수와 b녀의 선택을 받고, 방과 후 교실에서 b녀를 거절한 후 다시 학교 건물 꼭대기 층으로 가서 혜수의 고백을 받아들이겠지. a녀는 민우와 짝이 되고, 거절당한 b녀는 결국 x남을 찾게 되네. 매칭 결과는 (민우, a녀), (y남, 혜수), (x남, b녀). 남학생들은 모두 자신의 2순위와 매칭되고 두 명의 상대 중에서 한 명이 퇴짜를 받지. 여학생들은 각자 1 또는 2순위와 교제하게 되니 성과는 매우 좋아. 그러니까 적극적인 쪽이 더 좋은 결과를 얻을 수 있지 않을까? 그러니 빨리 혜수에게 전화를 걸어 결판을 내!"

민우는 계산한 종이를 응시하며 은석이 옆에서 '결판, 담판'이라고 마구 소리치는 것을 무시했다. 그는 분명히 수학을 좋아하지 않지만, 친구들이 자신에게 적극적으로 행동하라는 권유보다 수학의 유도 결과를 더 믿는 것 같았다. 수학자는 자신이 언젠가 연애 상담사가 될 줄은 전혀 몰랐을 것이다.

13

라이벌이 먼저 고백할 확률

"둘 다 고백하면 혜수가 그들을 좋아할 확률은 낮다고 해도 $\frac{1}{10}$, 혜수가 거절할 확률은 $\left(1-\frac{1}{10}\right) \times \left(1-\frac{1}{10}\right) = 0.9^2 = 81\%$. 고백하는 사람은 N명이고 거절 확률은 0.9^N이 되지. 만약 N=10일 때, 모두 거절할 확률이 35% 밖에 안 된다면 매우 위험하지 않냐?"

민우의 눈앞에는 마치 전쟁 장면이 펼쳐지는 것 같다. 한 무리의 남자들이 앞뒤로 고백을 무기로 사용하면서 '혜수 세상'이 위태로워졌다.

"무한 원숭이 정리$^{\text{Infinite Monkey Theorem}}$와 비슷하게 들려. 원숭이 한 마리를 컴퓨터 앞에 앉혀놓고 마구 눌러도 무한히 많은 시간을 주기만 하면 셰익스피어 전집을 타이핑할 수 있어."

'기말고사 분위기야!'

자전거를 탄 연준은 입김을 내뿜으며 사람들 소리가 들끓는 광장을 향해 내달렸다. 헐렁한 바닥 타일이 덜컥거리는 소리를 냈다.

"변태 근육남!"

민우가 핸드폰 화면을 노려보며 인상을 썼다.

"낯선 사람의 페이스북을 훔쳐보는 사람은 변태지."

민우는 혜수의 페이스북 계정에서 근육질 몸매를 자랑하는 남자에게 '이 계정은 사람을 짜증 나게 한다'라는 신고 버튼을 눌렀다. 페이스북은 때때로 사용자의 생각을 잘 표현할 수 있게 돕는 기능이 있다.

민우와 연준은 벤치에 앉아서 하릴없이 시간을 보내고 있는 중이다. 민우는 혜수의 페이스북을 둘러보면서 며칠 전 은석과의 대화를 떠올렸다.

"더 적극적으로 하지 않으면 안 돼. 혜수는 우리 학교에서 인기가 대단하거든. 많은 남학생이 그녀를 쫓아다닌다고."

"정말?"

"혜수 페이스북 안 봤어? 그녀의 모든 피드에 많은 남자가 '좋아요'를 누르고 댓글을 달아."

민우는 예전에 '은석'이라는 제1호 가짜 라이벌만 시야에 포착했다. 그러다 혜수의 인기도가 근본적으로 퀸카 등급이라는 것을 알게 되었다.

※

6월 5일은 개교기념일이자 사범대에서 수박 축제가 있는 날이다. 이날은 짝사랑 상대에게 속이 빨간 수박을 선물하며 마음을 전할 수 있는 절호의 기회이다. 사범대에는 지하 '도박판'이 있는데, 당일 혜수의 기숙사 입구에 줄을 선 인파가 몇 m나 되는지 내기를 한다는 소문도 돌았다.

"나는 30m에 걸게. 한 사람이 60cm 정도 줄을 서 있기 때문에 50명 정도가 와서 고백할 것 같아."

"50명?"

"보수적으로 평가한 거야. 하지만 그 사람들에게는 기회가 없어."

은석은 말머리를 돌려 "줄 서는 일은 한 번 하면 승산이 없어. 너는 백마 탄 왕자가 줄을 서서 라푼젤의 머리카락을 잡아당기거나 유리구두를 들고 신데렐라의 구두 치수를 시험해 보는 것을 본 적이 있니?"라고 물었다.

민우는 그의 말에 동의했다. 이론은 다음과 같다. '연모하는 자'들은 카스트 제도와 같이 계급 구분이 있다.

- 멀리서 바라볼 수밖에 없고 가끔 꿈에서 한마디만 붙여도 기뻐서 밤늦게까지 잠을 이루지 못하는 계급.
- 그녀와 아는 사이로 마주치면 인사하지만, 인사만 하는 데 그치는 계급.
- 함께 공부하고 서로 메신저로 재미있는 글을 올리는 '최고' 계급.

민우는 혜수의 페이스북을 탐방한 결과, 대다수의 사람이 모두 낮은 계급이라는 것을 발견했다. 다만 특별히 주의해야 할 두 사람이 있었다. '근육남'과 '문학청년'이었다.

무한 원숭이, 혜수에게 고백하다

"인간은 자기와 비슷한 사람을 좋아할까, 아니면 상호보완적인 사람을 좋아할까?"

민우는 '근육남'과 '문학청년'의 사진에서 혼동이 왔다. 완전히 다른 두 종류의 적, 유일한 공통점은 잘생김이다.

"너는 '비슷'과 '보완'이 무엇인지 정의할 수 있어?" 연준이 고개를 돌려서 민우에게 물었다. 민우는 방금 산 뜨거운 커피를 마시는 중이었다. 너무 뜨겁다.

"숫자로 비유하자면, 자신이 26이라면 비슷한 것은 25나 27이고 보완은….”라며 덧붙인 연준의 말에 민우는 “-26이나 74. 보완의 정의는 더했을 때 0이나 100과 같지. 비슷은 ‘서로 뺀 후 절댓값이 특정 값보다 작은 것’이야. 예를 들어 21부터 31까지는 비슷하지. 네 질문이 이런 거야?”라고 물었다.

연준이 고개를 끄덕였다.

“만약 곱셈을 쓴다면 보완한 값으로 $\frac{1}{26}$이 나올 수 있어. 미안하지만, 다른 사람들이 혜수를 좋아하는 것이 그렇게 중요해?” 연준은 민우가 주제에서 얼마나 벗어났는지를 알아차렸다.

“물론이지. 만약 두 사람이 모두 고백한다면 혜수가 그들을 좋아할 확률이 $\frac{1}{10}$에 불과해도, 혜수가 거절할 확률은 $\left(1-\frac{1}{10}\right)\times\left(1-\frac{1}{10}\right)$ $= 0.9^2 = 81\%$. 고백하는 사람이 N명이면 거절할 확률은 0.9^N이 되지. 만약 N＝10이라면, 모두 거절할 확률이 35%밖에 되지 않을 정도로 낮으니 매우 위험하지 않아?” 민우는 불만스럽게 대답했다.

민우의 눈앞에는 마치 전쟁 장면이 펼쳐지는 것 같다. 한 무리의 남자들이 앞뒤로 고백을 무기로 사용하면서 ‘혜수 세상’이 위태로워졌다.

“무한 원숭이 정리Infinite Monkey Theorem와 비슷하게 들려.”

민우가 묻기도 전에 연준은 계속해서 설명했다.

“무한 원숭이의 정리는 무한에 관한 재미있는 비유야. 원숭이 한 마리가 컴퓨터 앞에 앉아 아무렇게나 눌러댈 때, 만약 무한히 많은 시

간을 주기만 하면 원숭이는 네가 원하는 어떤 문장, 예를 들면 셰익스
피어 전집도 타이핑할 수 있다는 거야. 네가 걱정하는 점으로 말하자
면, 무한히 많은 남학생이 플러팅을 한다면 혜수는 결국 누군가의 고
백을 받아들이겠지."

"그렇네, 공포스러운걸!"

몇 분 후 민우는 건물에 들어서면서 비로소 연준이 풍자하고 있는
것을 깨달았다. 민우는 "좋은 쪽으로 생각해 보니 지금은 N=2. 그리
고 그들이 모두 혜수를 좋아하는 것도 불확실해."라고 말했다.

"직감적으로 최소 한 명은 혜수를 좋아해!"

연준은 고개를 갸웃거리며 화이트보드 앞으로 갔다.

"그럼 너의 직감이 성립한다고 할 때 두 사람이 동시에 혜수를 좋
아할 확률을 계산해 보자. 좋아한다면 'O', 좋아하지 않는다면 '×'로
(근육남, 문학청년)의 혜수에 대한 마음 상태를 표시할 거야. 네 말대
로 적어도 한 명은 좋아한다고 하면, (O,×), (×,O), (O,O)의 세 가
지 상황이 있고, 마지막은 둘 다 혜수를 좋아하는 게 되지. 가령 두 사
람이 혜수를 좋아할 확률이 모두 p이고 또한 독립 사건이라면 각각
$p(1-p)$, $(1-p)p$, p^2이야. 적어도 한 명은 혜수를 좋아한다는 조건하에
둘 다 혜수를 좋아할 확률은 분모가 $(p-p^2)+(p-p^2)+p^2=2p-p^2$이고
분자는 p^2이므로 즉, $\dfrac{p}{2-p}$가 되네. $p=10\%$라면 동시에 혜수를 좋아
할 확률이 5.3%, $p=90\%$라면 확률은 82%나 돼."

민우의 얼굴에 고민하는 빛이 역력했다. 그러자 연준은 "p를 모르겠다면 3가지 상황의 확률을 균등하게 가정해 각각 $\frac{1}{3}$씩 가져가면 돼. 그러면 세 면만 있는 공평한 주사위를 던지는 것과 같아. 초등학생도 아닌데 어떻게 이렇게 간단한 걸 힘들어할 수 있어?"라고 말했다.

민우는 대꾸할 말을 준비하고 있었다. 그때 핸드폰에 혜수의 페이스북이 업데이트되었다는 알림이 떴다.

"오오! 좋아, 시험 전에 고백해서 시험 준비에 방해가 되는 사람은 애초에 정리가 되게끔 해야 해."

"연애를 방해하는 사람."

혜수의 페이스북에 간단한 글이 올라왔다. 혜수의 답글이다.

「아마도 감사만으론 부족할 거예요. 죄송하지만 할 수 있는 말은 감사밖에 없어요.」

어떤 사람이 거절당한 것 같군. 근육남인지 문학청년인지는 모르겠다.

민우는 매우 기뻤다. 시험이 어떻게 되든 상관없다. 연준은 화이트보드로 돌아와 말했다.

"이번에는 다른 상대도 혜수를 좋아할 확률이 $\frac{1}{3}$에서 $\frac{1}{2}$로 바뀌었어."

"잠깐만, 방금 우리가 한 명을 무찔렀으니 적어도 한 명이 좋아하는 것을 알고 있는 상황에서 두 사람이 동시에 혜수를 좋아할 확률은 $\frac{1}{3}$, 지금 한 명은 실패했고 다른 한 명이 좋아할 확률은 $\frac{1}{3}$이지?" 민우는 목소리 볼륨을 높여 질문했다.

"고등학교 확률에는 두 가지 고전적인 문제가 있어. 첫 번째, 어느 집에는 두 명의 아이가 있고 적어도 한 명의 아들이 있는 것으로 알려져 있다. 둘 다 아들일 확률은 얼마일까? 두 번째, 어느 집에 두 명의 아이가 있다는 것을 알고 있고 방문했을 때, 문을 연 사람이 아들일 때, 둘 다 아들일 확률은 얼마일까?"

민우는 생각을 거치지 않고 대답했다. "첫 번째 문제는 $\frac{1}{3}$이고, 두 번째 문제는 $\frac{1}{2}$이야."

"왜 두 번째 문제는 $\frac{1}{2}$이야?"

"남녀일 확률은 반반이고, 각각 독립이지. 그래서 다른 한 명이 남자일 확률은 $\frac{1}{2}$이야."

"그럼 왜 첫 번째가 $\frac{1}{3}$이야?"

"방금 네가 말한 것처럼, 세 가지 상황 (남, 여), (여, 남), (남, 남)이 있잖아…."

민우는 미처 다 하지 못한 말을 삼켰다. 알고 보니 '아들딸 문제'와 '고백 문제'는 수학적으로 똑같았다. 연준은 민우가 무슨 생각을 하는지 간파한 듯 "맞아. 아들딸 문제와 고백 문제는 수학에서 똑같아. 아들딸 문제의 두 번째에서는 '문 여는 건 아들'이라는 정보가 추가됐어. 고백 문제에서 '최소 한 명은 혜수를 좋아한다'는 '고백하는 사람이 있다'라는 정보가 추가된 것이지."라고 말했다. 이어서 덧붙였다.

"(근육남, 문학청년)의 세 가지 감정적 상황, 원래 (○,×), (×,○), (○,○)의 확률이 모두 같은데, 새로운 정보가 (○,○)의 확률을 높인 이유는 '한 명이 혜수를 좋아한다, 고백하는 사람이 있다'와 '두 명이 혜수를 좋아한다, 고백하는 사람이 있다'인데 둘 중 어느 확률이 높을까?"

민우는 손을 뻗어 2를 표시했다.

"그럼 됐어. 가령 고백한 사람이 근육남이라면 (근육남, 문학청년)은 바로 (○,×), (○,○) 이 두 가지 상황이야. 문학청년이 고백했다면 (근육남, 문학청년)이 (×,○), (○,○)이겠지. 누가 고백하든 두 가지 가능한 상황이 있고, (○,○)은 다 반복돼. 하지만 우린 처음에 적어도 한 사람은 좋아한다는 것을 알았으니까 (○,×), (×,○), (○,○)의 확률은 같아."

연준은 화이트보드에 다음과 같이 썼다.

적어도 한 명이 좋아한다 : $P(\text{O, X})=\dfrac{1}{3}$, $P(\text{X, O})=\dfrac{1}{3}$, $P(\text{O, O})=\dfrac{1}{3}$

한 명이 고백한다 : $P(\text{O, X})=\dfrac{1}{4}$, $P(\text{X, O})=\dfrac{1}{4}$, $P(\text{O, O})=\dfrac{1}{2}$

"자, 잘 알겠지?"

연준은 자리로 돌아와 화이트보드를 바라보았다. 기말고사 공부를 너무 많이 해서 뇌의 용량이 작아진 건지, 이 문제가 너무 어려운 건지 민우는 한참을 생각한 후에 포기의 뜻으로 두 손을 벌렸다.

"처음에 두 사람이 혜수를 좋아할 확률이 50%라면, 누가 고백해도 또 다른 사람이 좋아할 확률은 50%. 역시 이렇게 해석하는 것이 가장 간단하군. 왜 $\frac{1}{2}$과 $\frac{1}{4}$이 필요해? 잠깐만, $\frac{1}{3}$이 그렇게 복잡해?"

민우가 포기했다는 말에 연준은 선생님 말투로 타일렀다.

"그런 건 맞지만, 한 가지 질문을 다른 각도에서 다 해석해야 진짜 이해가 되겠지. 먼 길을 돌아가는 것은 너를 괴롭히기 위해서가 아니라, 네가 문제의 다른 방향을 더 잘 이해하게 하기 위해서야. 만약 다른 해석 방법이 통하지 않는다면, 아직 이해하지 못하는 부분이 있다는 거야."

"좋아, 좋아! 수학은 너를 따라잡을 수가 없다!"

민우는 자포자기하며 연준의 말을 끊었다. 어쨌든 자신은 수학을 잘하지 못해서 적극적으로 혜수를 쫓아다니지 못했다고 생각했다.

수학, 수학, 무슨 이야기를 해도 '수학'으로 돌아간다. 지금은 더욱 분발하고 있다. 민우는 수학을 할 줄 알아야 할 뿐만 아니라, 여러 가지 이해 방법도 알아야 한다. 이것은 원래 채식주의자에게 먼저 우유를 좀 마시고, 치즈를 좀 먹고, 결국에는 말고기 회를 먹으라는 것과

같다. 민우는 마음속으로 끊임없이 자신을 원망하며 부정적인 생각
이 극에 달해 지금까지 생각해 본 적이 없는 아이디어가 떠올랐다. 그
러고는 내면의 목소리를 들었다.

'수학으로 디자인한 로맨틱한 고백을 하고 싶어.'

14

확률로 결정되는 사랑의 운명

세상에 완벽한 연인은 없다.

플라톤은 "세상에 완벽한 직선은 없으며, 아무리 정확한 자라도 근사한 직선을 그릴 수 있을 뿐 무한히 확대하면 반드시 떨림을 볼 수 있다."라고 말한 바 있다.

어떤 감각으로 체득할 수 있는 사물은 모두 표상이며 완벽한 이상적인 형태의 투영이다.

직선의 이상적인 형태는 추상적인 수학 세계에 존재한다.

연인의 이상형은 모든 사람의 머릿속에만 존재한다.

현실에서 우리가 찾는 것은 이상형에 가장 가까운 연인일 뿐이다.

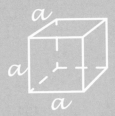

지하철역에 도착했다. 사람이 정말 많다. 에스컬레이터에서 아래를 내려다보니 승강장마다 여러 사람이 늘어서 있다. 혜수는 의식적으로 가장 짧은 줄에 섰다.

드디어 지하철이 도착하고 혜수는 핸드폰을 보며 지하철에 올라탔다. 그녀의 시선이 맨 앞의 세 사람 자리로 향했다. 그곳엔 한 여자아이가 이미 자리를 차지하고 앉아 꾸벅꾸벅 졸고 있었고 행운이 따랐는지 그 옆 두 자리는 빈자리다. 그녀가 잽싸게 앉으려는 순간, 옅은 분홍색 봉투가 좌석에 놓여 있는 것이 눈에 띄었다. 그런데 봉투 겉면에 몇 글자가 커다랗게 확대되어 눈길을 사로잡았다.

'To. 사범대 혜수'

나에게? 혜수는 좌우를 두리번거렸지만, 아는 사람이 아무도 없다. 꾸벅꾸벅 졸고 있는 그 여자아이와 이 편지는 전혀 관계가 없을 것 같다. 봉투 안에는 이어폰과 QR code가 그려진 카드 하나가 들어있고 카드 아래에는 숫자 0924206105가 적혀 있다. 혜수는 첫눈에 이 편지가 자신에게 온 것이라고 확신했다. 갑자기 심장 박동이 빨라지는 것을 느꼈다. 그녀가 이어폰을 끼고 QR code를 스캔하니 낯익은 목소리가 들려오고, 민우의 미소가 스크린에 나타났다.

혜수, 안녕? 네가 무사히 이걸 발견해서 다행이야. 널 알기 전에 난 항상 완벽한 나의 연인은 도대체 어떤 모습일지 매번 상상하곤 했어.

나는 때때로 꿈을 꾸었고, 상상 속에서 스케치를 하곤 했어.

그녀는 맑은 두 눈을 가지고 있어. 오똑한 코, 키스할 때 우리의 코끝이 살짝 닿아. 그녀는 항상 가벼운 미소를 띠고 있어. 마치 좋아하는 음료를 마신 것 같은 해맑은 웃음, 순수해서 작은 일에 감동이나 상처도 잘 받지만, 선택에 직면했을 때는 뚜렷한 주관이 있지.

그녀의 키는 158cm로 12cm가 최고의 포옹 차이로 알려져 있어.

무엇보다 그녀는 내가 그녀를 사랑하는 만큼 나를 사랑할 거야!

혜수는 자신의 키가 158cm라는 것을 떠올리며 내심 기뻤다.

민우는 어느 카페에서 영상을 촬영한 것 같다. 카페의 시멘트 벽면의 반사광을 보니 어느 맑은 오후로 보인다.

나는 시간이 한참 지나고서야 이해하게 되었어. 완벽한 연인에 관해서 너의 모든 세부 사항을 열거한 다음 그것들을 하나의 다중 최적화 문제로 정리하면 되는 거였어.

열거만 하면 되는데 왜 최적화 문제로 변할까? 완벽한 연인은 세상에 존재하지 않기 때문이지. 플라톤은 "세상에 완벽한 직선은 없으며, 아무리 정확한 자라도 근사한 직선을 그릴 수 있을 뿐 무한히 확대하면 반드시 떨림을 볼 수 있다."라고 말한 적이 있지.

어떤 감각으로 체득할 수 있는 사물은 모두 표상이며, 완벽한 이상적인 형태의 투영이라고.

직선의 이상적인 형태는 추상적인 수학 세계에 존재할 뿐이고, 연인의 이상형은 모든 사람의 머릿속에만 존재해. 현실에서는 이상형에 가장 가까운 사람이 연인인 거지.

우리는 여러 가지 목표 함수를 최적화하고 싶거나, 혹은 여러 방면에서 이상형에 가장 가까운 연인을 찾고 싶어 하지. 그러나 현실에서는 늘 일이 뜻대로 되지 않아. 내 친구 한 명은 자신이 좋아하는 스타일의 외모를 가진 완벽한 연인을 만났어. 하지만 불행하게도 그녀는 동시에 두 명의 남자 친구를 만나는 사람이었어. 또 다른 친구는 대화가 잘 통하는 여자를 찾았지만, 그는 시종 그녀의 외모가 불만이었어.

현실에서 우리는 다중 최적화를 계층 최적화로 바꾸고, 목표를 등급별로 나누어 순서대로 추구해. 먼저 성격, 다시 외모, 또다시 취향을 보지.

많은 사람이 사귀고 난 후 감정이 변하기도 하는데 이는 계층 최적화의 순서가 바뀐 것이래. 사귀기 전에는 외모를 가장 신경 쓰지만, 사귀고 나면 성격을 가장 중요하게 여기게 되어서 원래 좋아하던 상대가 더 이상 아름답지 않게 되는 거야. 더 말할 것도 없이 계층적으로 가장 최적화된 연인이 존재하고 이상적인 연인으로 불리더라도 반드시 그런 사람을 만날 수 있는 것은 아니라고 생각해.

　페르미 추론법으로, 가장 완벽한 연인이 한국에 산다고 가정하면, 한국의 17~26세 여성은 약 150만 명. 다시 SNS상에서 너는 친구의 친구만 안다고 가정하면 그래프에서 거리는 2가 되지. 만약 네가 200명의 친구가 있다면, 그중 한 사람은 이 연령대의 한국 여성 200명을 알고 있을 거야. 이렇게 넓은 기준으로 계산하면 넌 여전히 2.7%의 확률로만 가장 좋은 연인을 만나게 될 것이고 만나는 순간, 바로 이상적인 연인이라는 걸 알아야 해. 마침 너는 아직 애인이 없어.

　200만 원짜리 복권의 당첨 확률이 $\frac{3}{1000}$ 이라고 하면, 2.7%의 확률은 대략 9장의 복권을 받은 것과 같으며, 그중 적어도 한 장은 당첨되어야 하는 거야.

　영상 속 민우는 시종일관 같은 자세를 유지하다가 갑자기 책상 아래에서 카드를 한 장 꺼낸다.

$$1 - 0.997^9 ≒ 2.67\%$$

　정확한 식은 이거야. 한 장도 당첨되지 않을 확률을 빼면 매우 작은 값으로 0.3%×9에 근사하게 되지. 즉, 모든 사람이 진정한 사랑을 찾는 데 일생을 바치지만, 이것은 실수로 주머니 속에 넣어둔 복권 여러 장이 당첨될 확률을 모두 합친 것과 다름없어. 일반적으로 복권에 당첨되는 건 정말 쉽지 않지.

민우는 그 말을 하며 몇 초 동안 고개를 숙였고, 혜수는 일시적으로 인터넷 신호가 불안정한 것으로 생각했다. 잠시 후 고개를 들고 그가 환하게 웃으며 말했다.

난 당첨됐을 뿐 아니라 심지어 1등이야!

평범한 아침이었어. 나는 앉아서 아침 식사로 오믈렛을 먹고 있었지. 넌 (3, 4, 5) 직각삼각형을 쓰는 게 더 나을 것 같지 않냐고 말했어. 나는 그 목소리를 따라가 너를 보았어. 넌 얼굴에 옅은 미소를 띠고 있었는데 마치 의도하지 않게 딱 좋아하는 음료를 마신 것 같은 그런 흡족한 웃음이었어.

이 기적 같은 순간에 나는 어떤 생각도 들지 않았고, 너는 모르겠지만 내가 꿈꿔 온 이상형은 가장 왜곡되지 않은 각도로, 입체적으로 같은 공간에 있었지. 분홍색 상의에 연두색 치마를 매치한 모습으로 나타난 거야.

이후 우리는 점점 더 친해졌고, 나는 내가 근본적인 실수를 저질렀다는 것을 깨달았어. 플라톤은 현실에서 완전히 곧은 직선은 있을 수 없다고 말했지. 그것은 상상 속에서만 존재한다고. 나도 늘 사랑은 하나의 상상을 쫓는 것이고, 현실에서 연인은 이상형의 투영이라고 생각했어. 하지만 연인은 일직선과 달라. 연인은 주관적이야. 많은 세부 사항을 상상할 수 없지만 함께 겪은 후에야 비로소 알게 돼. 그러니까 상상 속에 완벽한 연인은 있을 수 없어. 연인의 이상형은 망망한 사람들 속에 있는 어떤 여자아이라고. 머릿속의 상상은 단지 투영일 뿐인 거지. 우리가 그림을 보고 이상형을 찾는다면 그 한 사람은 모든 사람에게 있어서 독보적인 이상형일 거야.

화면이 갑자기 종료되었다. 혜수는 화면을 눌러 인터넷에 문제가 없음을 확인했고, 그녀는 이대로 끝나서는 안 된다고 생각했다. 그때 그녀의 앞에 낯익은 목소리와, 낯익은 신발이 나타났다.

"내가 당첨된 건 1등이 아니라 어느 곳에서도 환전해 줄 수 없는 슈퍼 특별상이고, 부상으로 받은 건 나만의 이상형이야." 스크린을 빠져나온 듯 민우는 영상 속 못다 한 구절을 천천히 꺼냈다.

"혜수야, 나는 너를 좋아해. 나랑 함께 해줄래?"

혜수는 자신의 눈가가 촉촉하게 젖어 눈앞이 흐려지는 것을 느꼈다.

"이렇게 고백하는 사람이 어디 있어! 만약 내가 이 지하철을 타지 않고, 이 칸에 들어오지 않고, 이 자리에 앉지 않았다면 어떻게 됐겠어요?"라며 눈을 흘기는 혜수를 민우가 따뜻하게 안아주었다.

"이건, 운명인 거지?"

"이런 고백은 너무해!"

"왜?"

"왜냐하면 그 사람은 당신의 고백을 놓치고 싶지 않으니까요."

혜수는 얼굴이 빨개졌다. 그녀는 수줍게 민우의 어깨에 얼굴을 묻었다. 혜수의 등을 토닥이며 민우는 마음속으로 다짐했다.

'너를 절대 놓치지 않을 거야!'

고백 D-7

"누군가 너에게 돈을 빌리고 다음 주에 로또를 같이 사자고 하면 살 거야?" 연준이 말했다.

민우는 카페에서 친구들과 혜수에게 어떻게 고백하면 좋을지를 논의 중이었다. 세 사람은 연준의 질문을 듣고 고개를 가로저었다.

"만약 번호가 10개인 로또인데 0~9개 숫자에서 하나를 골라서 주 1회 공개한다면 사기꾼은 1만 명의 개인 자료를 찾기만 하면 완벽한 사기가 가능해."

"우리는 지금 고백에 관해 이야기 중인데 내 고백과 로또가 무슨 관련이 있어?" 그런 민우의 항의를 무시하고 연준은 계속 말했다.

"첫 번째 주에는 사기꾼이 1만 명을 10개 조로 나누어 자신이 로또 엔지니어라고 편지에 쓴 후 당첨번호를 통제하며, 다시 이번 주에 각각 0번, 1번, 2번 …, 9번에 이르기까지 구분해서 공개한다고 알려줘. 이번 주에 로또 번호를 발표하고 나면 무슨 일이 일어날까?"

"9,000명은 편지를 버릴 것이고, 1,000명은 편지를… 반신반의하겠지."

"맞아. 2주 차에 다시 1,000명을 100명씩 10개 팀으로 나눠서 다시 이번 주에 각각 0번, 1번, 2번…."

"이렇게 2주 후면 100명이 연속해서 당첨되겠지!"

민우도 그제야 사기의 원리를 터득했다. 이 방법을 따르면, 셋째 주에는 10명이 연속해서 당첨, 넷째 주에는 1명이 연속해서 당첨되는 것을 완전히 예측할 수 있다.

"만약 네가 그 사람이라면, 지금 사기꾼이 너에게 돈을 요구하고 다음 주 로또 번호를 알려준다고 하면 지불할 의향이 있어?"

민우가 은석에게 눈빛을 보내자 그들은 아까처럼 자신만만하게 불가능하다고 말할 수 없었다.

"이것이 바로 확률의 오묘함이야. 하나의 각도에서 보면 완전히 불가능해 보이지만, 다른 각도에서 보면 반드시 일어날 수 있어. 너의 고백은 바로 이렇게 해야 해. 혜수가 모든 것이 인연인 것처럼 생각하게 만들어야 하고, 너의 고백 편지가 그녀에게 전달될 확률은 희박하지만, 결국은 일어나게 만들어야 하지."

그들은 철저한 계획을 세우기 시작했다. 유아가 먼저 혜수와 주말 오전 약속을 잡는다. 비교적 지하철에 사람이 적어서 계획을 진행하기에 괜찮아 보이는 시간으로.

혜수가 타는 에스컬레이터 부근의 가까운 입구만 사람이 매우 적게 줄을 서게 만들고 그 주변 다른 칸에는 줄서기 아르바이트를 이용해 가득 채운다. 그러면 혜수는 반드시 정해진 객차 입구에서 승차할 것이 확실해진다. 그리고 혜수가 승차하는 역에 다다르면 미리 좌석에 앉아 있던 두 사람이 일어나 빈 좌석을 만들어둔다.

"그 좌석에 편지를 잘 놓아야 해." 연준의 지시에 은석은 손을 들어 물었다.

"하지만 혜수가 언제 지하철을 탈지 확실하지 않잖아. 앞뒤로 2~3번의 오차가 있을 수 있어."

사기꾼의 수법과 마찬가지로 사기를 당하는 사람의 수만 늘리면 한 사람이 여러 번 정확한 예측을 받는 것이 보장된다. 사람 수를 늘려서 여러 차례 연속된 칸을 꽉 채우고, 편지 몇 통만 더 준비하면 반드시 혜수가 볼 수 있을 것이다.

"편지를 몇 통 더 준비해, 내가 알아서 처리할게."

줄곧 말이 없던 연준의 친구 지훈이 갑자기 고개를 돌리며 말했다.

"네가 내 도움을 청한 이유가 있네."

연준은 "그래, 아르바이트생을 구해서 해결할 수는 있지만, 지하철을 탈 때의 운은 너의 도움이 반드시 필요하지."라고 말했다.

※

두 사람은 어느 역에 도착했는지 신경 쓰지 않았다. 어떤 말도 하지 않았다. 마치 오래전부터 미뤄두었던 포옹을 지금 모두 갚으려는 것 같다. 갑자기 눈앞이 환해지면서 지하철이 고가 위로 올라왔다. 민우는 지금 세상에서 가장 행복한 사람이 '자신'이라고 느꼈다.

"무슨 생각해요?" 혜수가 물었다.

"내가 세상에서 가장 행복한 사람이라는 생각!"

"나도 너무 행복해요. 근데, 하고 싶은 말이 있는데 듣고 화내기는 없기!"

"내가 어떻게 너에게 화낼 수 있겠어."

민우는 진심으로 그렇게 생각했다. 비록 처음에는 수학을 좋아하는 척했지만, 이후에 확실히 수학의 재미를 느꼈고, 게다가 혜수에 대한 사랑까지 더해져 그는 평생 혜수와 수학에 대해 이야기를 할 수 있을 것 같았다.

"정말요?"

"정말이지. 말해 봐."

혜수는 숨을 깊이 들이쉬었다.

"전 사실 수학을 좋아하지 않아요."

"헉!"

Part 4

너도 나와 같은 마음

15

인연의 확률을 높이는 베이즈 정리

난 수학이 싫다. 학창 시절 내내 수학에 시달렸다. 고등학교 3학년 때는 수학 시험지 앞에서 몇 번이나 눈물도 흘렸다. 왜 이런 알 수 없는 피타고라스의 정리나 삼각함수를 배워야 하는지….

"샌드위치에 뭐 재밌는 거 있어요?"

갑자기 옆자리에 수학 강의 자료를 아침 식사에 곁들인 남학생이 나에게 물었다. 나는 귀가 점점 뜨거워지고 있었다. 빨리 무슨 말이라도 해야 하는데…, 어떤 말이라도 해야 한다.

"그리고 저는 피타고라스 정리와 관련된 직각삼각형에 대해 말해 버렸어요…."

혜수의 말에 유아가 차를 한 모금 마시며 말했다.

"그래서 넌 수학을 사랑하는 소녀가 된 거야?"

"다음 주에 봐!

"바이바이!"

민우가 페달을 밟은 지 얼마 지나지 않아 그의 뒷모습은 점점 작아져서 도로 모퉁이로 사라졌다. 혜수는 숨을 크게 내쉬었다. 귀밑을 만져보니 뜨거웠다. 사람들은 그녀가 긴장하고 있다는 걸 잘 눈치채지 못한다. 긴장할수록 표정과 말투가 도리어 자연스러워지기 때문이다. 하지만 유독 귀가 뜨거워지니 스트레스가 그쪽으로 몰리나 보다.

"선배, 여기예요."

"선배라고 부르지 말래도! 어후, 오늘 아침엔 늦잠을 잤어. 이건 네가 좋아하는 홍차, 흑설탕을 추가한 버블티야."

혜수는 모처럼 유아와 교정의 야외석에 자릴 잡고 앉았다. 나뭇잎 사이로 가을 햇살이 내리쬐고, 옆 천막 동아리회에서는 전단지를 나눠주며 신입생을 모집하느라 분주한 모습이다.

「소설과 영화 속의 수학적 사고」 강의는 유아와 혜수가 함께 골랐다. 두 사람은 신학기 학과 MT에 같은 팀으로 참가했다가 친해졌다. 유아는 혜수보다 1년 선배이지만 올해 복학해서 같은 학년이 되었다.

"오늘 첫 수업 재미있었니?"

"괜찮았어요, 제가 못 알아듣는 게 많긴 했지만."

"다음부터는 수업에 가급적 빠지지 않고 참석할 거라서 네가 모르는 건 가르쳐줄 수 있어."

유아는 수학을 잘한다. 시험 점수가 높다기보다는 수학을 잘 활용하는 편이다. 도넛 매장에서도 줄이 길어 포기하려고 했을 때 그녀는 혜수를 덥석 잡아당겼다.

"잠깐만 기다려, 가지 마. 우리는 지금 만들고 있는 도넛을 살 수 있어."

그녀가 한눈에 인원수와 생 반죽의 수를 가늠했기 때문이다. 이후에도 줄 서는 시간을 빨리 가늠할 수 있어서 줄을 설 가치가 있는지 없는지를 판단할 수 있었다. 혜수는 예전에는 수학이 일상생활과 전혀 상관이 없다고 생각했는데 이제는 공기처럼 사방에 널려 있다는 걸 알게 되었다.

혜수는 유아에게 민우를 만나게 된 경위를 얘기해 주었다.

"'왜 직각이등변삼각형으로 만들지 않고 이런 직각삼각형으로 만드나요?' 너 정말 이렇게 말한 거야? 하하! 아, 미안. 혜수야, 너 정말 귀엽다."

유아는 새우처럼 허리를 굽혀 미친 듯이 웃으며 탁자를 두드렸다.

"또 무슨 말을 했어?" 가까스로 웃음을 멈추고 유아가 물었다.

"저도 직각이등변삼각형을 특별히 좋아하는 것은 아니지만, 흔히 볼 수 있는 직각삼각형, 예를 들어 길이가 (3, 4, 5)인 삼각형을 사용할 수 있다면 정말 멋지지 않아요?"라고 했죠.

혜수의 말에 유아는 또다시 미친 듯이 웃는 병에 걸린 새우 한 마리가 되었다.

"넌 왜 그런 말을 한 거야?"

"휴~ 몰라요. 하도 떨려서 아무 말이나 내뱉은 거죠."

그날 혜수는 오믈렛을 주문하고 샌드위치를 하나 더 시켜 점심으로 먹으려고 했다. 막 자리에 앉았을 때, 나란히 앉은 남학생이 태블릿으로 강의를 듣고 있었는데 전부 수학 방정식이었다. 혜수는 수학을 잘하는 사람을 존경한다. 한편 동시에 수학을 매우 싫어했다. 그녀는 고등학교 3학년 때 몇 번이나 수학 시험지 앞에서 눈물을 흘렸다. 왜 이런 것들을 배워야 하는지, 왜 엉뚱하게 피타고라스 정리, 삼각함수 등을 공부해야 하는지 이해하지 못했다.

"샌드위치에 뭐 재밌는 거 있어요?"

갑자기 옆에 앉은 남자가 혜수에게 물었다.

그녀는 그제야 오믈렛이 배달되었다는 것을 알아차렸지만, 여전히 샌드위치를 집으며 멍하니 있었다. 귀가 점점 뜨거워졌다. 빨리 무슨 말을 해야 한다. 그러나 절대로 '내가 예전에 수학 시험지 앞에서 눈물을 흘렸던 일을 회상하고 있다'고 말해서는 안 된다. 적어도 수학 강의를 아침 식사로 곁들인 이 준수한 외모의 남학생 앞에서는 절대로.

"그때 너무 당황해서 아는 대로 피타고라스 정리와 관련된 직각삼각형에 대해 말했어요."

유아에게 그날의 일을 소상하게 들려주었다. 그러자 유아는 홍차를 한 모금 마시며 말했다.

"그래서 넌 수학을 사랑하는 소녀가 된 것이고?" 혜수는 고개를 끄덕였다.

혜수의 이야기를 듣던 유아는 마침 누군가에게 힘껏 손을 흔들었다. 그녀의 시선을 따라가 보니 한 커플이 걸어오는 모습이 보였다.

감상할 수 있는 예술적인 수학

커플은 유아의 고등학교 동창인 은석과 수안이었다. 자연스럽게 함께 수다를 이어가게 되었다.

"그 남학생은 무슨 과야?"

"전기과요."

"오, 나와 같은 과네. 아, 잠깐만. 한국대학교 전기과라면 연준을 알텐데. 내가 한번 물어볼게." 은석이가 핸드폰을 꺼내며 말했다.

"연준은 고등학교 때 우리 반 1등이었는데 지금은 한국대학교 전기과에 다녀."

"세상 참 좁아. 연준이 그의 가장 친한 친구래." 유아는 이미 다 알고 있다는 듯이 말했다.

"그는 취미가 수학이야. 그러니 혜수 넌 지금부터 수학을 좋아하면 돼."

"저는 수학을 굉장히 못하는데 어떻게 좋아할 수 있을까요?"

"수학을 좋아한다는 건 꼭 수학을 잘해야 하는 걸 뜻하지 않아."

줄곧 조용하던 수안이 친절하게 혜수에게 말했다.

"특별한 배경 없이도 누구나 미술관을 둘러볼 수 있고, 예술의 아름다움과 힘을 느낄 수 있지. 만약 미술관에서 특정한 사람만 입장할 수 있도록 제한한다면 그게 이상한 일이 아닐까?"

"하지만 모든 사람이 선천적으로 아름다움과 추함을 감상할 수 있는 능력은 있어. 수학은 어려운 과목이잖아."

"미술도 어려워요. 빛과 그림자, 투시…."

"이것들은 수학과 관련이 있지." 은석이 옆에서 끼어들었다.

"이해는 하나의 지식을 여러 단계로 나누는데, 감상은 단지 입문의 단계만으로도 충분하고, 창작과 응용이 필요할 때만 매우 심도 있는 이해가 필요해. 예술도 그렇고 수학도 그렇고. 사실 수학도 예술의 한 종류라고 할 수 있지."

"끼어들기를 무척 좋아하는군."

유아가 은석을 제지하자 수안이 웃으며 말했다.

"다만 대부분의 경우, 우리는 시험을 위해 수학을 공부하기 때문에

요구되는 이해의 수준이 매우 깊어. 너야말로 수학이 어렵다고 느낄 수 있으니, 이 기회에 좀 더 가벼운 각도로 수학을 보는 것도 좋을 거 같은데?"

수안의 말은 긴 나무 탁자 위에 쏟아지는 햇살처럼 따스한 느낌을 주었다. 한때는 혜수도 수학을 정말 좋아하고 다른 각도로 바라볼 수 있을 것 같다는 생각을 한 적도 있었다.

"그를 좋아하지만 연락을 적게 하는 것이 좋겠어요. 그렇지 않으면 그 사람에게 내가 수학을 못한다는 것이 바로 들통날지도 몰라요."

"그건 너무 안타까운 일이야. 모처럼 마음에 쏙 드는 사람을 만났는데, 그를 좀 더 많이 알아야지."라며 유아가 연애에 대해 훈수하며 이어 말했다.

"나도 정한이를 내가 주도적으로 쫓아다녔어. 나중에는 그렇게 소극적인 태도를 아마 후회하게 될 거야."

그러자 은석이 말했다.

"이게 바로 베이즈 정리야. 충분한 만남의 기회가 있어야만 사후 확률을 갱신할 수 있고, 너의 이상적인 연인인지 아닌지를 계산해 낼 수 있어."

"베이즈 정리요?"

혜수의 물음에 세 사람이 함께 고개를 끄덕이자, 은석은 계속해서 설명했다.

191

"모든 상대는 이상적인 연인이 될 확률이 있어. 처음 만났을 때 그 남학생의 경우 70%까지 사전 확률$^{\text{priori probability}}$이 있을 수 있어. 하지만 이것이 그가 정말로 너의 이상형이라는 것을 의미하지는 않아. 단지 이 순간에 '그가 너의 이상형이라고 생각할 확률'이라고 말할 수 있어. 함께 지내다가 여러 가지 일을 겪게 되면, 예를 들어 다음 데이트 때 그가 10분 일찍 도착하는 것은 가산점이지, 그렇지?" 혜수는 고개를 끄덕였다.

"하지만 몇 점을 더해야 할까? 베이즈 정리로 갱신해야 해. 우리는 A와 B를 사용해서 '혜수의 이상적인 연인이다'와 '일찍 도착한다'라는 두 가지 사건을 표현할 수 있어. 이것을 어떻게 A와 B로 표시해?" 혜수는 눈앞에 별이 나타나며 바닥이 빙빙 돌기 시작했다.

"그렇게 어려운 질문은 하지 마." 유아가 혜수를 도와 포위를 풀어 주었다.

"바로 $P(B \mid A)$는 이상적인 연인이라는 조건 아래 일찍 도착할 확률이야. 또 하나 알아야 할 것은 이상적인 연인이 아니라면 일찍 도착할 확률은 얼마나 되는지 $P(B \mid A^c)$로 나타낼 수 있어. 이 두 확률을 얼마로 해야 하는지 스스로 평가할 수 있어. 유아, 네 생각은?"

"난 혜수의 이상적인 연인이 일찍 도착할 확률이 반드시 높아야 한다고 생각해. 그래야 혜수처럼 귀여운 여자랑 데이트를 할 수 있을 테니까. 이상적인 연인이 아닐 때 그가 일찍 도착할 확률을 대략 60%라고 해보자. 베이즈 정리는 이렇게 생겼어."

$$P(A \mid B) = \frac{P(B \mid A)\, P(A)}{P(B \mid A)\, P(A) + P(B \mid A^c)\, P(A^c)}$$

유아가 30분 전에 입수한 동아리 전단지에 수학 공식을 적었다. 그때 멀리서 누군가 그들을 바라보고 있다는 느낌이 들었다.

"공식의 좌변 $P(A \mid B)$는 이른바 사후 확률Posterior probability이야. B 사건이 발생했을 때(일찍 도착) 우리는 새로운 관찰을 하기 때문에, 사건 A(민우는 혜수의 이상적인 연인)의 확률도 바뀐다는 뜻이야. 사건이 자주 발생할수록, 더 많은 관찰을 얻을수록 상대방을 더 잘 이해할 수 있고, 더 정확한 확률적 추측을 얻을 수 있지. 이것이 바로 베이즈 정리의 의미야."

혜수는 자신의 이름이 민우와 나란히 쓰여 있는 것을 보고 살짝 민망했다. 그녀의 느낌을 눈치챘는지 유아는 마치 초등학생이 책상 위에 장난치며 낙서를 하는 것처럼 일부러 두 사람의 이름 위에 작은 우산을 그렸다. 은석은 핸드폰으로 계산했다.

"이렇게 되면, 민우가 이상형일 확률은,

$$P(A \mid B) = \frac{P(B \mid A)\, P(A)}{P(B \mid A)\, P(A) + P(B \mid A^c)\, P(A^c)} = \frac{0.9 \times 0.7}{0.9 \times 0.7 + 0.6 \times 0.3} \approx 78\%$$

193

이 되니까 8%가 향상되었어. 봐, 정말 바뀌었어. 네가 좋아하는 사람이 '내가 좋아하는 사람이라면 이렇게 해야 한다'고 생각하는 일을 할 때, 그는 '정말 내가 좋아하는 사람'일 확률이 높아져. 반대로 가령 그가 다른 여자와 사귀는 모습을 보게 된다면….."

혜수의 마음은 무엇인가를 두드린 듯 답답함이 느껴졌다. 그런 모습을 봐도 나는 여전히 그가 좋다고 생각할까?

"너의 이상적인 연인이 그렇게 할 확률은 10%에 불과하지만, 이상적인 연인이 아닌 사람이 그렇게 할 확률은 80%야. 이제 민우가 이상형일 확률이,

$$P(A|B) = \frac{P(B|A)P(A)}{P(B|A)P(A) + P(B|A^c)P(A^c)} = \frac{0.1 \times 0.78}{0.1 \times 0.78 + 0.8 \times 0.22} \approx 31\%$$

31%로 떨어졌어."

"이상적인 연인이 이렇게 할 확률은 10%밖에 안 되는데, 왜 31%라는 수치를 가지는 건가요?"

"왜냐하면 '넌 그에게 기회를 줄 거니까', 그리고 은석이 넌 수학의 뜻을 설명해야 해."라며 유아가 이어서 말했다.

"안 좋은 일이 생기면 점수를 깎을 수 있어. 하지만 주의해야 해. 점수가 깎인다는 것은 그가 원래 점수가 있다는 뜻이거든. 이 점수는 이 사건이 발생하기 전의 사전 확률이야. 사전 확률이 높은 사람은 네가

원래 그에게 호감이 있었다는 것을 나타내. 이때 너는 그의 이전의 좋은 점을 떠올리며 그에게 또 다른 기회를 줄 수 있어. 만약 원래 이미지가 좋지 않은 사람이 아무렇게나 한두 가지 일을 더 그르친다면, 넌 바로 그를 아웃시키겠지.”

혜수는 유아의 말에 귀가 솔깃해졌다. 몇 가지 수학식을 살펴보니 뜻을 조금은 이해할 수 있을 것 같다. 마치 연애 중의 직관적인 행동을 수학식으로 묘사한 것 같다.

“다들 수학을 정말 잘하시네요. 저도 이렇게 수학을 잘한다면 그 사람 앞에서 시치미를 떼지 않아도 됐을 텐데.” 혜수가 부러운 듯이 말했다.

“우린 널 도와서 ‘초전개 수학 데이트’라고 불리는 팀을 결성할게. 그와의 사이에 문제가 생기면 알려줘. 즉각적인 도움을 받을 수 있게 돕겠어.”

그때 혜수의 핸드폰에서 진동음이 울렸다. 은석은 웃으면서 말했다.

“괜찮아. 넌 단지 잘 모르는 수학 문제 앞에서 ‘왜?’, ‘정말 대단하다’라는 말만 하면 돼. 남자는 단세포 생물이야. 좋아하는 여자에게 질문을 받으면 풀고 싶고, 칭찬받으면 즐겁지.”

“은석이 대단한데. 이렇게 명확하게 결론을 내리다니.”

“난 연애 전문가야!”

16

우유를 미리 부을 것인가,
커피를 먼저 식힐 것인가

"민우 선배의 카페 수학 수업이 시작되나요?"

"좋아, 시작해 보자. 뉴턴의 냉각 법칙이라고 들어봤니?"

혜수는 '수학 데이트' 팀이 자신을 도와줄 거라고 믿으며 고개를 끄덕였다.
그녀는 커피라는 두 글자만 들어도 민우가 어떤 수학 문제에 대해 얘기할지
이젠 짐작할 수 있었다.

"냉각 법칙은, 우리가 뜨거운 커피를 주문하면 커피를 다 내린 순간부터
온도가 내려가기 시작하는데 하강 속도는 커피의 현재 온도와 실온의 차이
와 관계가 있다는 거야."

둘째 주 아침이다.

혜수는 지난주와 동일한 시간대에 앨리스 카페에 갔지만, 그를 만나지 못했다. 조금 서운한 감정이 드는 것은 아무래도 혼자 쌓아 올린 높은 감정 탓이리라. 그래서 베이즈 정리로 그의 점수를 몇 점 깎아야 하는지 계산하고 싶었다. 시간이 좀 이르긴 하지만 학교로 향했다.

혜수가 강의실에 들어서자 민우 선배는 맨 앞자리에 앉아 열심히 수학 강의 영상을 보고 있었다. '수학을 정말 좋아하는구나.' 혜수는 그런 그의 모습에 좀전의 상실감이 금세 싹 가셨다.

"굿모닝!"

"일찍 오셨네요. 전 방금 아침 먹으러 앨리스 브런치 카페에 갔었어요. 선배를 만날 수 있을까 생각했거든요….”

"나를 만나? 날 만나는 상상을 했다고?"

혜수가 방금 한 말이 그에게 너무 의외였던 것일까?

"하, 왜 그렇게 과장되게 말해요. 선배 참 재밌으시네요.” 혜수는 얼른 농담조로 대답했다.

"하하, 그런가? 나는 커피와 관련된 수학을 생각하고 있었어.”

혜수는 겨우 세 마디 만에 수학 화제로 바로 들어갈 것이라고는 예상하지 못했다. 이는 마치 영화 초반 5분 만에 주인공이 나쁜 인생과 결투를 벌이는 것처럼 그녀를 당황하게 만들었다. 그녀는 손을 뻗어 주머니 속의 핸드폰을 꼼지락거리며 급한 순간에 어떻게 하면 들키지 않고 유아에게 도움을 청할 수 있을지를 생각하고 있었다.

"어떤 수학이죠?"

"만약 아침에 뜨거운 커피를 한 잔 내리고 냉장고에 차가운 우유 한 잔이 있다면, 10분 후에 시원한 카페라떼를 한 잔 마실 수 있어. 이때 두 가지 선택이 있는데 먼저 차가운 우유를 커피에 붓고 10분간 방치하든지 아니면 커피를 실온에 10분 정도 두었다가 차가운 우유를 부을 수도 있지. 넌 어느 쪽을 선택할 거야?"

혜수는 안도의 한숨을 내쉬었다. 그가 바로 방정식을 풀라고 하지 않아서 다행이었다. 이것은 우유를 먼저 부어서 식힐지, 아니면 커피를 먼저 식히고 우유를 부을지에 대한 절반의 정답 확률이 있다.

"전 두 번째를 선택할게요. 그게 좀 더 차가울 것 같아요. 이게 수학과 관련이 있나요?"

"응, 온도를 계산할 수 있어."

그는 펜을 들고 수학식을 썼다. y가 있고 y의 오른쪽 위에 뭔가가 있다. 그게 무슨 뜻일까?

"혜수야, 너 왜 그렇게 앞자리에 앉아 있어?"

그때 유아의 활기찬 목소리가 뒤에서 들려왔다.

"선배, 미안하지만 수업 끝나고 다시 설명해 줄래요?"

"저 사람 누구야, 아, 민우?" 유아가 소리를 낮추며 말하자, 그녀는 고개를 끄덕였다.

민우는 유아에게 예의 바르게 인사를 한 후 계속해서 수학 강좌 영상에 열중했다. 제때 나타난 유아는 혜수의 궁금증을 단박에 풀어 주었다.

"오른쪽 위에 표시한 건 미분이야. 커피 온도의 수학은 무척 인상적이지."

유아는 톡으로 몇 가지 메시지를 연달아 보내왔다. 커피, 온도, 미분 방정식, 혼합이라는 단어가 쓰여 있었다. 글자 하나하나는 다 알겠는데 한데 엮으면 낯설어진다.

"잘 모르는 부분은 오후에 카페에 가서 실험해 달라고 말해 봐. 그러면 자연스럽게 데이트도 할 수 있잖아. 그 전에 알아야 할 수학 지식은 내가 준비해 줄 테니 걱정 말고."

유아의 눈빛이 어쩐지 혜수보다 더 기대하는 모습이다.

수학 실험실이 된 연인들의 카페

"따뜻한 커피 두 잔과 차가운 우유 하나 주세요."

"이 카페 정말 멋져요."

두 사람은 창가 좌석 쪽으로 자리를 잡고 앉았다. 옆에는 의자 높이만큼 커피 원두를 넣은 삼베 주머니가 놓여 있었다. 그가 장난스럽게 마루를 밟아 내는 삐걱거리는 소리와 카페 사장님의 커피 콩 가는 소리가 재즈 음악과 어우러져 오랜 세월 동안 묵은 우아한 분위기를 자아낸다.

"이제 민우 선배의 카페 수학 수업을 시작할까요?"

"좋아, 넌 뉴턴의 냉각 법칙을 들어본 적이 있어?"

혜수는 고개를 끄덕이며 마음속으로 유아가 추측한 문제라고 생각했다. 그녀는 커피라는 두 글자만 듣고 민우가 어떤 수학을 사용할지 짐작할 수 있었다.

"우리가 뜨거운 커피를 주문하면 커피 추출이 완료된 순간부터 온도가 내려가기 시작하는데 그 하강 속도는 커피의 현재 온도와 실내 온도의 차이와 관련이 있어. 이걸 냉각 법칙이라고 하는데…."

민우는 열심히 뉴턴의 냉각 법칙을 설명했다. 혜수는 세 시간 동안 이 이론을 두 번째로 듣고 있는 중이다.

"주문하신 커피 나왔습니다. 치즈 케이크는 단골 손님께 드리는 거예요."

"감사합니다. 이 케이크 정말 맛있어요." 혜수는 작은 조각을 떠서 입에 넣었다. 지금 그녀는 커피와 당분이 매우 필요한 순간이었다.

"와, 나 치즈 케이크 엄청 좋아하는데!" 민우도 케이크 한 조각을 떠냈다. 혜수는 그의 눈에 수학만 보이고 다른 것은 모두 흥미가 없을까 봐 걱정했는데, 그는 자신의 흥미를 탐색하는 동시에 다른 사물을

폭넓게 받아들이는 것 같다. 집에 돌아가면 베이즈 정리 계산에 넣어
야 할 항목이 하나 더 생겼다.

"전 대략적으로 이해한 것 같아요. 온도 변화는 기울기로 나타낼
수 있고, 변화는 커피 온도와 실온의 차이와 관련이 있기 때문에 등식
을 열거할 수 있죠. 그리고 커피가 내려지는 순간부터 분당 온도 변화
를 계산해 내죠. 다만, 이렇게 하는 것이 우유를 먼저 따르고 나중에
따르는 것과 무슨 관계가 있어요?" 혜수는 좀 전에 유아가 알려준 것
들을 단숨에 읊었다.

'너무 많이 말할 필요는 없어. 네가 수학을 잘한다고 생각하게 만들
면 돼. 외워서 그에게 발휘해 봐.'

카페로 오기 전 유아의 당부였다. 수학을 국어처럼 읊고 있다는 것
이 혜수에게는 그리 낯선 일이 아니다.

민우는 뜨거운 커피 한 잔에 차가운 우유를 붓고, 냅킨에 계산식을
적었다.

"아, 차가운 우유를 뜨거운 커피에 부을 때, 우유와 커피의 비열이
같다고 가정해 보자. 뜨거운 커피는 200g, 90℃이고 우유는 50g, 5℃,
섞은 커피 우유는 바로 $\frac{200}{250} \times 90 + \frac{50}{250} \times 5 = 73℃$가 돼."

"오~." 혜수는 식을 보며 무척 관심 있는 척했다.

"그리고 각각의 비율에 각각의 온도를 곱해." 민우가 덧붙였다.

혜수는 알겠다는 듯이 고개를 끄덕였다. 다행히 민우는 눈치채지

202

못했다. 이 순간 그는 수학 세계의 가이드이다. 유명 관광지를 소개하는 말투로 우유를 넣은 커피를 가리키며, "그러니까, 차가운 우유를 먼저 부으면 커피가 90℃에서 73℃로 떨어지고, 그 후 10분 동안 차갑게 식어. 뜨거운 커피가 차가워지는 속도는 커피와 환경의 온도 차에 달려 있어. 차가운 커피는 냉각 속도가 비교적 빠르지."

커피의 초기 온도를 c, 주변 온도를 s라고 할 때, 시간 t에 따른 온도 변화는,

$$\frac{dc}{dt} = k(c-s)$$

이다. 이때 k는 상수이다. 현재 온도 m의 우유가 많고, 혼합 후 커피가 전체 커피 우유에서 차지하는 비율이 x라면, 먼저 혼합한 후 방치한 상태로 냉각의 변화는 다음과 같이 쓸 수 있다.

$$\frac{dc}{dt} = k[\{xc-(1-x)m\}-s]$$

"중괄호 안의 $xc-(1-x)m$은 우리가 방금 계산한 73℃, 커피와 우유를 섞은 후의 상태이고, 미분방정식을 다시 이용하면 풀 수 있어."

냅킨 매스napkin math, 영화에서만 일어나는 일인 줄 알았다.

"미분 방정식은 우리에게 혼합 후의 커피 우유 온도 T_1, 시간 t에

따른 변화 $T_1(t)$가

$$T_1(t) = s + \{xC + (1-x)m - s\}e^{-kt}$$

임을 알려줘. 내가 다른 차가운 우유를 가져올 테니 연구해 봐."

그가 일어나서 카운터로 가자, 혜수는 얼른 공식을 모두 사진 찍어 채팅방에 올렸다.

"이게 도대체 뭐예요?"라는 혜수의 문자에 "우유를 먼저 붓고 식히기 위해 가만히 둔다. 전체 공식을 이해할 필요 없이 x와 $(1-x)$가 혼합의 의미라는 것만 기억하면 e^{-kt}은 하강하는 과정이야." 은석과 수안이 답을 했다.

반나절 동안 함께 논의했던 것을 생각하면 x는 혼합 비율인데, 30%의 검은색과 70%의 흰색이 혼합되었다고 하면, x와 $(1-x)$로 나타낼 수 있다. e^{-kt}는 이전 화학의 반감기처럼 지수 위에 $-t$가 있는데, 이는 시간이 지남에 따라 감소함을 나타내며 게다가 선형감소가 아니라, 한 번에 몇 배씩 감소하는 지수감소이다. 괄호 안에 있는 것을 먼저 계산하기 때문에 먼저 섞은 다음 온도를 낮추는 것이라고 유아가 덧붙였다.

그들의 입에서 공식은 마치 한 폭의 그림처럼 변했다. 이쪽은 꽃병이고 저쪽은 창문으로 통해진 외부 풍경이다. 비록 세부 사항은 아직 잘 모르지만, 적어도 이 형식은 조금 이해할 수 있었다.

혜수의 귀에 바닥이 삐걱거리는 소리가 들리자, 민우가 차가운 우유 한 잔을 들고 돌아왔다.

더 차가운 커피 우유?

"차가운 우유가 왔습니다~. 계산과정을 좀 생략하고 두 번째 상황의 커피 온도 $T_2(t)$는

$$T_2(t) = x\{s + (c-s)e^{-kt}\} + (1-x)m$$

이야. 중괄호 안에 있는 것은 잠시 식힌 후의 커피 온도야. 그리고 방금 말한 비율로 각각의 온도를 곱해 평균을 내면 먼저 식힌 다음 차가운 우유를 넣는 상황이 돼."

식을 보니, e^{-kt}가 있는 것은 가만히 두어 온도를 낮추고, x와 $(1-x)$가 있는 것은 혼합하고, 괄호 안의 것은 먼저 계산하여 사전에 발생한 일을 표시해야 한다.

"그래서 이 식은 먼저 온도를 내린 다음, 다시 혼합하는 거네요."

혜수가 이 식을 설명할 수 있다니 놀라운 일이다. 민우는 고개를 끄덕이며 차가운 우유를 두 번째 커피잔에 부었다.

"관심 있으면 추론해 봐. t가 얼마든 $T_1(t) < T_2(t)$이라는 것을 증명할 수 있어. 증명하는 열쇠는 우유 온도 m이 실온 s보다 작다는 거야."

"아니요. 선배 설명은 언제나 믿음이 가요." 민우는 컵을 혜수 앞에 밀어 놓았다.

"지금 이 두 잔을 마셔 봐. 어느 것이 더 차가워?"

"이게 훨씬 차가워요. 정말 대단해요!"

"아니야. 미분방정식이 대단한 거지…."

민우는 쑥스러운 웃음을 지었다. 은석의 조언이 역시 들어맞았다.

17

가위바위보에 숨겨진 비밀

여행 중에 누군가가 이런 말을 했다.

'음악은 수학의 감성이고, 수학은 음악의 이성이다.'

우리의 배경음악은 수학이다.

혜수는 문득 한 가지 일이 생각났다.

"미팅 때 우리가 한 팀이 되었는데, 그것도 연준 선배와 유아 선배가 우리를

도와준 건가요?"

"물론 아니지, 그건 우연이야."

민우는 재빨리 부인했다.

"그런 거구나."

은석의 말을 다 들은 민우는 생각에 잠긴 듯 고개를 끄덕였다. 두 사람은 지하철 플랫폼 앞 벤치에 오랫동안 앉아 있었다.

"미안해, 그렇게 오랫동안 너를 속여서. 매번 네가 수학 이야기를 할 때마다 난 너한테 어떻게 진실을 말해야 할지 모르겠더라고. 최근 반년 동안."

"이 플랫폼이었어. 아마 저기였을지도."

민우는 은석의 말을 끊고 손을 뻗어 앞을 가리켰다.

"연준이 그날 갑자기 너희 과 미팅 사건을 알려줬어."

은석은 천천히 추억을 이야기하기 시작했다.

민우의 기억

"뭐라고?"

민우가 한 발로 지하철 문 입구를 밟자, 닫히려던 차 문이 마치 용수철처럼 튕겨져 다시 열렸다. 그가 연준에게 와락 달려들자 평소 냉정한 모습을 유지하던 연준이 당황하는 낯빛으로 변했다.

"정말 창피해. 나에게서 떨어져! 차에서 내리기 직전에서야 이런 중요한 일을 이야기하다니, 넌 고의였구나!" 민우는 소리를 높였다.

연준은 애써 민우를 진정시키며 "알았으니까 흥분하지 말고 목소

리 좀 낮춰. 내 친구가 혜수와 같은 과인데, 우리 과 남학생을 알고 싶
다며 나에게 미팅을 제안했어."라고 설명했다.

"그 친구 이름이 뭔데?"

"유아."

익숙한 이름이다.

"금발머리?"

"유아를 본 적 있어? 우린 고등학교 동창이고 걔는 1년 휴학했어."

"어쩐지 혜수가 그 친구를 선배라고 부르고 같이 일반교양 수업을
듣더라니. 너희들이 친한 친구인 줄은 몰랐네." 그러자 연준이 민우
를 응시하며 천천히 말했다.

"유아 남자 친구가 같은 반 친구였거든. 너 정말 『좌충우돌 청춘 수
학교실』 안 읽었구나."

"난 불면증에 시달리는 편은 아니거든."

"어쨌든 괜찮아. 너 여기서 안 내려? 목적지에서 너무 멀어지는데."

※

"혜수의 사령관이 유아고 연준은 나를 도와줬는데, 연준과 유아가
친한 사이라면 그 두 사람이 서로 우리에 대해서 이야기를 나누지 않
았을 리가 없어. 은근히 사기당한 기분이야."

민우가 눈살을 찌푸리며 말했다.

혜수는 그가 기분이 나빠지기 전에 얼른 화제를 돌렸다.

"미팅 날 우리가 한 팀이 된 것도 연준 선배와 유아 선배가 도와준 거예요?"

"물론 아니지, 그건 우연이야." 민우는 재빨리 부인했다.

혜수의 기억

미팅 당일은 날씨가 매우 좋았다. 짙은 푸른 하늘이 호수에 비쳐 일렁거렸다.

우리는 단체 게임을 했다. 민우는 매우 유쾌한 성격이라 모두가 번거로워하는 일도 자진해서 도맡았다. 밀가루 더미에서 탁구공을 부는 것이었는데, 그는 누구보다도 힘차게 불어서 밀가루를 뒤집어 쓴 모습이 흡사 일본의 가부키 인형 같았다. 그 모습에 모두 웃음을 터트렸지만, 혜수만은 그가 웃음거리가 되는 것을 원하지 않았다.

게임이 끝난 후, 유아가 큰 소리로 외쳤다.

"이제 우리는 눈치 게임을 할 거야. 다들 쪼그려 앉아. 참가 인원은 30명인데 게임 규칙은 1부터 30까지의 숫자를 차례대로 말하면서 점프를 해야 해. 만약 동시에 여러 명이 점프하면 그 사람들은 지는 거야." 유아는 단상에 올라가 내려다보면서 한마디를 덧붙였다.

"만약 누구도 동시에 점프하지 않았다면 마지막으로 쭈그리고 앉아 있는 사람이 지는 거야."

모두 웅크리고 앉아 귓속말을 주고받았다. 그들은 마치 흙에서 뛰어나오지 않은 죽순 무리처럼 언제 싹을 틔우기 위해 점프해야 하는지를 토론하였다.

"만약 모두 무작위로 점프해 다른 사람들의 마음을 고려하지 않는다고 가정한다면, 이건 사실 확률 문제야. 게임이 시작되자마자 나는 점프할 확률이 얼마나 되는지 계산할 수 있어."

민우의 말에 혜수는 다른 사람들도 집중하라는 듯이 그의 설명을 진지하게 들었다.

"게임은 숫자 30개로 시작해. 숫자마다 점프할 확률은 모두 $\frac{1}{30}$, 그러니까 처음에 다른 29명 중 적어도 한 명이라도 점프할 확률은 '1 – (29명이 모두 점프를 안 할 확률)'이야."

민우는 다음 식을 썼다.

$$1-(1-\tfrac{1}{30})^{29}$$

"$1 - \frac{1}{30}$은 어떤 사람이 점프하지 않을 확률이고, 29제곱은 나머지 29명도 모두 점프하지 않는 것을 의미해. 혜수 넌 당연히 이 방정식을 알고 있을 거야."

$$\lim_{n \to \infty} \left(1 + \frac{x}{n}\right)^n = e^x$$

혜수는 당연히 몰랐지만, 몇 차례 데이트를 하면서 나는 이미 '알아'라는 표정을 조금씩 배우고 있었다.

"응, 알아요."

"그러니까, 이 등식을 사용해서 근삿값을 구할 수 있어."

$$1 - \left(1 - \frac{1}{30}\right)^{29} \fallingdotseq 1 - \frac{1}{e} \times \left(1 - \frac{1}{30}\right) \fallingdotseq 1 - \frac{1}{e}$$

민우는 마치 사전에 모든 것을 머릿속에 기억해 두고 지금은 읊기만 하는 것처럼 재빨리 여러 식을 썼다.

"우리는 e가 약 2.718이고, 역수 $\frac{1}{e}$은 약 0.37이라는 것을 알고 있어. 그래서 점프해서 이길 확률은 1-0.37=63%이야. 물론 이건 다른 사람들이 모두 로봇이라는 가정하에서 가능해. 실제로는 여러 명이 이 값을 계산해 낸 후 그가 처음 점프할 확률을 높인다면 다시 계산해 봐야 해." 민우는 몇 초 동안 고민하다가 포기했다.

"수학자 존 폰 노이만John von Neumann은 '사람들이 수학이 어렵다고 생각하는 이유는 삶이 얼마나 복잡한지 모르기 때문이다.'라고 말했어."

"그럼, 시작할게. 1!"

혜수와 민우가 동시에 점프했다.

"너희 둘은 순정을 약속했냐?" 유아의 말에 모두가 웃음보를 터트렸다.

"이렇게 하면 게임이 너무 빨리 끝나잖아. 너희 둘은 먼저 저쪽으로 가고, 우리는 계속 게임을 하자." 두 사람은 옆에 서서 유아가 숫자를 세는 것을 지켜보았다. 초반에는 아무도 점프하지 않았다. 6을 셀 때까지 한 명만이 점프했다.

혜수는 방금 왜 동시에 같이 뛰었는지 민우에게 묻자, 그는 몇 초 동안 머뭇거리다가 농담조로 말했다.

"케미가 맞는 거지."

"그럴지도요." 혜수도 장난스럽게 대꾸하면서 귀의 온도가 점점 올라가는 것이 느껴졌다.

"9!"

두 사람이 동시에 뛰어올랐다.

"우리가 대모험을 할 테니 너희 다섯 사람이 흑백으로 누가 먼저 할지를 결정해."

민우와 다른 한 친구는 졌고 나머지 친구들은 가위바위보로 승부를 가렸는데 두 번 모두 비겼다. 그때 유아가 자꾸 눈짓을 해서 혜수는 〈초전개 수학 데이트〉 모임 때 준비한 수학 주제를 떠올렸다.

"도마뱀과 스팍을 추가할까요? 그러면 승부가 쉽게 날 것 같아요."

혜수는 다른 사람의 대답을 기다리지 않고 설명을 시작했다.

"매번 가위바위보에서 상대방이 나와 같은 것을 내지 않으면 승패가 갈려요. 3가지 중 다른 2가지를 골라 처음 승부가 갈릴 확률이 $\frac{2}{3}$로 약 67%죠. 두 번째에 승부가 날 확률이 바로 (첫 번째에 승부가 안 날 확률)×(두 번째에 승부가 날 확률)=$\frac{1}{3} \times \frac{2}{3}$ ≒22%가 돼요."

그러자 민우와 가위바위보를 한 친구가 "그런데 내가 비기면 상대방이 다음에 뭘 낼지 맞혀서 랜덤 가설이 아닌걸."이라고 말했다. 그는 민우의 동기인데 한국대학교 전기과의 사고는 대체로 엄격한 것 같다.

혜수는 "이건 단지 가설일 뿐이고, 현실 생활은 더욱 복잡해요. 수학자 존 폰 노이만은 사람들이…" 민우가 가장 좋아하는 말을 읽으며 그와 묵묵히 눈빛을 교환했다. 민우는 고개를 끄덕이며 그녀에게 계속 설명해 달라고 부탁했다.

"그래서 처음 두 번의 승부가 갈릴 확률은 67%+22%=89%가 돼요. 승부가 날 확률을 높이려면 가위scissors, 바위rock, 보paper, 도마뱀lizard, 스팍Spock을 하면 되죠."

혜수는 검지와 중지, 그리고 약지와 새끼손가락을 모았다. 〈스타트렉Star Trek〉에 나오는 스팍의 고전적인 제스처인데, 어젯밤 거울에 대고 연습도 했다. 그녀는 인터넷에서 그림을 찾아 친구들에게 보여 주었다.

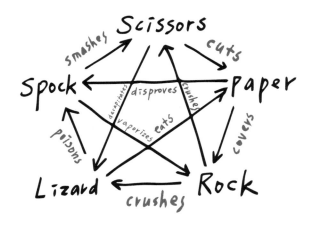

"이렇게 업그레이드된 가위바위보에는 다섯 가지 주먹 방식이 있어요. 각 하나는 다른 두 개를 이길 수 있는데 예를 들어 가위는 도마뱀을 이길 수 있지만, 스팍에게 질 수 있죠."

"왜 한 번에 두 가지를 더 늘려? 한 가지만 늘리면 안 돼?"

"하나만 늘리면 비긴 손을 빼도 세 가지 방식이 남아 있기 때문에 승패의 확률이 고르지 않아요. 지금 이렇게 하면 마침 방식 하나하나가 다른 두 가지에 지고, 다른 두 가지에 이기게 되죠."

"그렇군, 사실 가위바위보가 아니라 '월화수목금' 또는 '심장, 간, 비장, 폐, 신장'으로 바꿔도 돼." 민우가 웃으면서 말하자 유아가 옆에서 말을 받았다.

"'이, 농담, 정말, 너무, 썰렁'으로 바꿔도 문제없어." 그러자 민우의 어깨가 아래로 한없이 내려갔다.

"업그레이드판에서는 다섯 종류 중 하나만 무승부를 기록했는데, 비길 확률이 대폭 낮아지고 한 번에 승부가 갈릴 확률이 $\frac{4}{5}=80\%$까지 높아져서 앞 두 번 안에 승부가 갈릴 확률이 $\frac{4}{5}+\frac{1}{5}\times\frac{4}{5}=96\%$가 돼요. 원래 가위바위보에서 세 번 만에 승부가 갈릴 확률도 96%, 다시 말해 이 방법을 두 번 맞히면 가위바위보로 세 번 맞히는 효과가 있어요."

혜수가 규칙과 확률값을 설명한 후, 민우는 관계도를 열심히 연구하기 시작했다.

"도마뱀은 보를 먹고, 스팍을 독살하지만, 가위에 잘리고 돌에 맞아 죽는다…, 난 준비가 다 됐어! 일부러 말한 건데, 그러면 내 친구들은 내가 도마뱀을 낼 거라고 생각했을 거야. 도마뱀을 이기려면 가위와 바위밖에 없지. 스팍은 이 둘을 동시에 이길 수 있고."

민우는 스팍의 제스처를 취했고, 그 가위바위보의 마지막은 스팍이 가위를 깨뜨려 민우가 이겼다.

"이 게임은 알려주기가 너무 어려워, 5가지 중에서 2가지를 취하면 총 10가지 승부 관계를 알아야 게임이 가능해. 원래 머리를 안 쓰려고 가위바위보를 했는데, 또 머리를 써야 하다니. 왜 그래, 내 얼굴에 뭐가 묻었어?"

"아뇨, 그냥 순열조합으로 10가지 승부 관계를 단번에 산출할 수 있을 정도로 대단하다고 생각했어요. 역시 수학을 좋아하는군요." 혜수의 말에 민우는 바로 대답하지 않았다.

※

일반 열차가 플랫폼으로 들어오자 승객들이 썰물처럼 플랫폼으로 몰려들었다 물러가고 플랫폼은 평온을 되찾았다.

"지금도 가끔 수학은 재미로 가득하다고 생각하지만, 사실 처음에 나도 너처럼 수학을 싫어했어."

그 후의 이야기

18

수학으로 만들어 더 맛있는 머핀

"저는 수학이 어렵다고 생각했어요. 간단한 생활은 수학적으로 표현되어 복잡해졌죠. 나중에야 알게 된 건데 수학이 묘사할 수 있는 것은 사실 간단하고 간략한, 많은 가설이 가미된 상황이었어요. 수학이 어렵다고 생각했는데, 우리는 원래 삶을 자세히 분석하지도 않고 '아마도 그럴 것이다'라는 태도와 함께 타고난 강한 직관으로 살아가고 있을 뿐이에요."

"수학을 싫어하는 사람의 입에서 나온 말이라고는 들리지 않을 정도인걸?"

혜수는 장난스러운 표정으로 민우를 보았다.

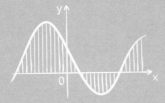

혜수와 사귄 지 일주일째다. 이제 연애 소설은 모두 불태우고 사랑 노래 같은 건 한 곡도 듣지 않겠다는 게 내 유일한 마음이다. 왜냐하면 그들이 묘사하는 행복은 전혀, 진실의 천만분의 일, 아니 구골플렉스Googolplex의 일에도 미치지 못하기 때문이다. '구골Googol'은 1 뒤에 100개의 0이 있고, 구골플렉스는 10의 구골 제곱을 나타내는 수의 단위이다. 즉, 1 뒤에 0이 10^{100}개(구골 개)가 있는 것이다.

오늘 데이트가 기대된다. 오후에는 도서관에 가거나 거리나 공원을 거닐고, 저녁에는 분위기 있는 레스토랑에서 근사한 저녁을 먹을 것이다. 민우가 조만간 서울의 명소를 함께 갈 수 있냐고 묻자 혜수는 웃으며 이렇게 말했다.

"아직은 아니에요. 하루 종일 반복되는 조합이라야 갈 수 있어요. 가령 앞으로 우리가 함께 점심을 먹는 식당이 15개, 산책, 영화 보기, 서점 탐방 옵션이 15개, 좋아하는 식당에서의 저녁 식사가 15개라고 가정하면, 총 15^3=3375의 조합으로, 9여 년이 지나면 중복이 되죠. 중간에 옵션이 하나 더 추가되면 16^3=4096이니 11년이 더 필요해요. 그런데 그때쯤이면 전 이미 나이가 많은데 그때도 나랑 데이트할 거예요?" 혜수는 계산기를 누르고 슬픈 표정으로 민우를 바라봤다.

"넌 50살이 되어도 지금처럼 귀여울 거야. 아니, 더 귀여울 거야!"

민우가 그녀의 손을 잡으며 말했다. 그는 혜수의 눈동자 안에서 웃고 있는 자신을 모습을 발견했다.

※

"학교 근처 카페 중에서 이 카페가 제일 좋아요!"

혜수가 커피잔을 돌리자 커피 표면에 얇은 소용돌이가 생겨 그녀의 보조개 같다.

"요 며칠 동안 이 일대에 카페가 정말 많다는 것을 알게 됐어. 그리고 매장의 군집 효과는 경기 모형으로 설명할 수 있지."

민우는 혜수를 쫓아다니며 매일같이 수감數感을 올리려고 애쓰던 중 봤던 글이 생각났다.

"동서로 향하는 거리에 카페 두 개가 오픈했어. 고객은 '거리'에 따라 어느 곳을 방문할지 결정해. 동쪽의 주인은 동쪽 입구에서 가까운 손님들이 주로 자신의 가게를 이용한다는 것을 알아차렸어. 따라서 서쪽 입구 다른 카페의 손님은 생각할 필요도 없어. 틀림없이 그 가게의 단골손님일 것이니까. 하지만 두 가게의 중간에 있는 손님은 중간 지점인 동쪽이나 서쪽을 기준으로 어느 곳으로 가야 할지 결정해야 돼."

민우는 냅킨에 직선을 그어 두 가게의 위치를 표시해 혜수에게 설명했다.

"동쪽 가게의 주인은 서쪽으로 살짝 가게를 옮길 생각을 하겠지. 동쪽 입구에서 그들 가게 사이의 거리를 늘리면 두 가게의 중간 지점은 서쪽으로 더 기울게 되어서 그는 두 가게 사이의 고객을 더 끌어들일 거야. 서쪽에 있는 주인도 그렇게 생각하고 똑같이 가게를 살짝 동쪽으로 옮기겠지. 그러다 보면 두 가게가 점점 가운데로 다가와 나중에는 한자리에 모이게 돼."

민우는 직선의 가운데에 두 개의 동그라미를 그렸다.

"그들은 각각 동쪽과 서쪽의 손님을 가지고 있어 더 이상 손님을 뺏을 수 없어. 모든 시스템이 균형을 이루게 되지."

"그렇군요. 저는 가게가 무리를 이루고 싶어서 그런 줄 알았는데…. 가구거리나 책거리처럼 사람들이 어떤 상품을 사고 싶을 때 꼭 가야 하는 장소쯤으로 생각했어요."

혜수는 문득 크게 깨달았다는 듯 상기된 표정을 지었다.

"그럴 수도 있어. 어쨌든 이건 단지 수학적인 해석일 뿐이야. 사람들이 수학이 어렵다고 생각하는 건, 그들의 삶이 얼마나 복잡한지 모르기 때문이야. 이 말은 연준이 전에 나에게 말한 건데, 그때 난 수학이 너무 어려웠어. 간단한 생활이 수학적으로 표현되어 더 복잡하게 느껴졌지. 나중에서야 수학이 묘사할 수 있는 것은 사실 간소화되고 단순화된, 많은 가설이 가미된 상황이라는 것을 차근차근 알게 됐지. 연준이 했던 말을 통계 내면, 가장 자주 등장하는 단어 1위는 당연히 '수학'이고, 2위는 '가설'이야."

그러자 혜수도 한마디 했다.

226

"수학이 어렵다고 생각했는데, 우리는 원래 생활을 자세히 분석도 하지 않고, '아마도 이런 것 같다'는 태도와 함께 인간의 타고난 강한 직관으로 살아가고 있는 것 같아요."

"지금 넌 수학을 싫어하는 사람의 입에서 나온 말이라고는 믿기지 않을 정도로 말을 잘했어." 민우의 말에 혜수는 함박웃음을 지어 보였다.

가장 효율적인 머핀 제조법

혜수가 주문한 영국식 머핀이 나왔다.

"이 가게의 머핀은 맛이 특별해요."

혜수와 민우는 핸드폰을 꺼내 머핀 사진을 찍었다. 여자와 남자의 미적 감각은 완전히 차원이 다른 것 같다. 같은 머핀인데, 혜수는 미식가들의 잡지 표지처럼 찍고, 민우는 2차 세계대전 보급 식량처럼 찍었다.

"정말 맛있어요. 나도 머핀을 만들 줄 알지만 이렇게 맛있진 않아요."

"네가 만든 게 이 세상에서 가장 맛있을 텐데? 이런 허름한 가게의 머핀을 어떻게 네가 만든 음식과 비교할 수 있겠어?" 민우의 말에 그녀는 민망해하며 말했다.

"고마워요, 다음엔 제가 하나 만들어 줄게요."

즐거워 보이는 그녀는 머핀 한 조각을 잘라 그의 접시에 담고 꿀을 부으면서 말했다.

"머핀을 만드는 데는 시간이 많이 걸려요. 머핀 가루 한 봉지로 10 개 정도 만들 수 있어요. 프라이팬으로 한 조각에 1분 정도 부치는데 매번 30분 정도 걸려요. 그래서 마지막 조각을 부치고 나면 첫 번째 조각이 모두 식어버리죠. 며칠 전에 머핀을 만들 때 한 번에 두 조각씩 부쳐야겠다고 생각했어요. 이렇게 하면 절반의 시간만 있으면 되니까요. 어차피 머핀이 크지 않아서 프라이팬 전체를 쓰지는 않아요."

민우는 머핀과 프라이팬의 크기를 떠올리며 아마도 그럴 것 같다고 생각했다.

"요점은 반죽을 부을 위치가 중요하다는 거예요. 두 조각을 부치면 첫 조각은 프라이팬의 동그란 중심에 부을 수 없고 어느 반경 중간 지점에 부어야 하죠. 다른 하나는 원의 중심을 통해 연장된 다른 쪽 반지름의 중간 지점을 통과하는 반지름 위에 부어요. 머핀 반경이 프라이팬 반경의 절반보다 작으면 이렇게 부치는 데 문제가 없어요."

큰 원의 지름에는 작은 원이 두 개 있고, 작은 원의 반지름은 모두 큰 원 반지름의 절반이다. 그리고 세 개의 원이 서로 맞닿는다. 민우의 머릿속에 이 화면이 떠올랐다. 혜수가 계속 말했다.

"그리고 세 조각을 넣으면 안 될까, 생각했어요."

"가능할 것 같은데? 세 개의 작은 조각의 중심은 정삼각형을 이루지. 정삼각형의 바깥 중심은 프라이팬의 중심이잖아."

"맞아요, 자료를 조사해 보니 누군가가 정말 '큰 원에 포함되는 작은 원' 문제를 연구하고 있다는 것을 알게 됐어요. 방금 말한 두 조각의 상황은 프라이팬의 최대 사용 효율을 50%, 세 조각이면 65%까지 높일 수 있어요. 현재 알려진 두 조각의 배치에서 19조각까지 가능한데 그 사이의 가장 좋은 배치 방법은 7조각이에요."

이번에는 혜수가 냅킨에 그림을 그렸는데, 그녀는 가운데에 작은 원을 그리고 그 바깥을 여섯 개의 작은 원으로 감았다.

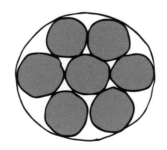

"머핀 한 개의 반지름은 프라이팬 반지름의 $\frac{1}{3}$이에요. 그래서 전체 면적이 프라이팬의 $\frac{7}{9}$, 약 78%을 차지해요. 프라이팬의 지름이 24cm라면 부쳐낸 머핀은 8cm로 하면 크기가 딱 맞아요. 나중에 인터넷에서 머핀 불판을 찾아보니 이렇게 7개에 한 세트인 디자인이 많더라고요."

혜수의 즐거운 기분을 민우는 함께 느낄 수 있었다.

"그런데 제가 이 발견을 유아 선배와 친구들에게 말했지만 아무도 저에게 답을 주지 않았어요."

그녀의 말투는 마치 자유 낙하를 하는 것 같았다.

그때 문자 알림이 떴다.

"민우, 혜수, 〈초전개 수학교실〉 그룹에 가입됐어. 수학 나라에 놀러 올래?"

19

초전개 수학교실

"너희들 논리곡선 알아?"

질문 하나에 교실 안의 분위기가 묘하게 변했다. 수업 모드에 들어서면 모든 사람이 성찬의 말에 귀를 기울인다. 이게 바로 〈초전개 수학교실〉의 사제 케미인가?

"두 사람이 수학의 재미를 공유하는 것과 100명이 수학의 재미를 공유하는 것을 비교하자면 당연히 후자의 전파 속도가 빠르겠지. 100명이 모두 한 사람을 찾아 공유하면 순식간에 200명이 되지. 이런 관점에서 생각해 보면 수학의 재미가 퍼지는 속도는 수학의 맛을 널리 알리는 사람의 수에 비례해. 이 문장의 수학적 표현법은 다음과 같아…."

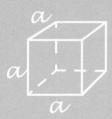